"新工科建设"教学探索成果·"十三五"规划教材

线性代数同步练习与提高

涂黎晖　王聚丰　李莎莎　主　编
余琛妍　孙海娜　翁云杰　副主编
　　　　　　　　苏德矿　主　审

电子工业出版社
Publishing House of Electronics Industry
北京·BEIJING

内容简介

本书是与科学出版社出版的《线性代数简明教程（第二版）》（陈维新 编著）相配套的学习辅导用书，主要面向使用该教材的学生，也可供使用该教材的教师作为参考。本书分三大部分：第一部分为线性代数同步练习，根据《线性代数简明教程（第二版）》的章节顺序和教学进度，选出适量的习题供学生练习；第二部分为提高篇，包括按章节内容的提高题和综合提高题；第三部分为综合练习，可以为同学们复习迎考提供借鉴，同时也可为教师命题提供参考。

未经许可，不得以任何方式复制或抄袭本书之部分或全部内容。
版权所有，侵权必究。

图书在版编目（CIP）数据

线性代数同步练习与提高 / 涂黎晖，王聚丰，李莎莎主编 . —北京：电子工业出版社，2018.2
ISBN 978-7-121-31968-6

Ⅰ．①线… Ⅱ．①涂… ②王… ③李… Ⅲ．①线性代数—高等学校—教学参考资料 Ⅳ．①O151.2

中国版本图书馆 CIP 数据核字（2017）第 139726 号

策划编辑：章海涛
责任编辑：裴　杰
印　　刷：三河市鑫金马印装有限公司
装　　订：三河市鑫金马印装有限公司
出版发行：电子工业出版社
　　　　　北京市海淀区万寿路 173 信箱　邮编　100036
开　　本：787×1 092　1/16　印张：20.5　字数：268.8 千字
版　　次：2018 年 2 月第 1 版
印　　次：2025 年 7 月第 15 次印刷
定　　价：30.00 元

凡所购买电子工业出版社图书有缺损问题，请向购买书店调换。若书店售缺，请与本社发行部联系，联系及邮购电话：（010）88254888，88258888。
质量投诉请发邮件至 zlts@phei.com.cn，盗版侵权举报请发邮件至 dbqq@phei.com.cn。
本书咨询联系方式：192910558（QQ 群）。

前　言

线性代数课程是高等学校工科类、经管类以及农林类等专业的一门重要数学基础课。通过该课程的学习后，能否用数学的思维、方法去思考、推理，以及定量分析一些自然现象和经济现象，是衡量大学生文化素质的重要标志，数学素养在培养高素质人才中有着不可替代的重要作用，本书编写的目的之一就是为了能更好地帮助读者得到这方面训练。

本书是与科学出版社出版的《线性代数简明教程（第二版）》（陈维新　编著）相配套的学习辅导用书，主要面向使用该教材的学生，也可供使用该教材的教师作为参考。本书分三大部分：第一部分为线性代数同步练习，根据《线性代数简明教程（第二版）》的章节顺序和教学进度，选出适量的习题并留有解题空间可作为作业供学生练习，同时也为老师批阅和学生复习提供了方便；第二部分为提高篇，包括按章节内容的提高题和综合提高题。在原有的习题难度基础上，结合教材内容和考研大纲筛选出具有一定综合性的习题，并给出了详细的解题思路和解答过程，有的还提供了多种解法，该部分可作为学有余力的学生提高数学解题能力的参考用书；第三部分为综合练习，其实也是线性代数课程的考试样卷，可以为同学们复习迎考提供借鉴，同时也可为教师命题提供参考。

本书的编写自始至终得到浙江大学宁波理工学院领导的支持和关怀，数学所的许多老师对各章节习题进行了筛选、演算和校正，并提出了很多宝贵的意见，编者在此一并向他们表示衷心的感谢。

科学出版社出版的《线性代数简明教程（第二版）》（陈维新　编著）在浙江大学宁波理工学院和其他一些院校使用已经十多年，编写与该教材配套的同步练习和提高是我们多年的心愿，现将长期教学实践积累的点滴写出来，为读者对线性代数课程的学习带来更多的方便。由于我们对编写此类书缺乏经验，加之编者水平有限，书中难免会存在不足和疏漏之处，恳请同行和读者批评指正。

编者
浙江大学宁波理工学院

符 号 表

(按教材中出现顺序排列,页码指教材的页码)

符号	意义
P	数域
Q	有理数域
R	实数域
C	复数域
Z	全体整数
$i_1 i_2 \cdots i_n$	n 阶排列
$\tau(i_1 i_2 \cdots i_n)$	排列 $i_1 i_2 \cdots i_n$ 的逆序数
$\begin{vmatrix} a_{11} & a_{12} & \cdots & a_{1n} \\ a_{21} & a_{22} & \cdots & a_{2n} \\ \vdots & \vdots & & \vdots \\ a_{n1} & a_{n2} & \cdots & a_{nn} \end{vmatrix} = \left\| a_{ij} \right\|_n$	n 阶行列式
$\sum_{j_1 j_2 \cdots j_n}$	对所有 n 阶排列 $j_1 j_2 \cdots j_n$ 求和
D^T	行列式 D 的转置行列式
$R_i \pm k R_j$	行列式(矩阵)第 i 行加上(减去)第 j 行 k 倍
$C_i \pm k C_j$	行列式(矩阵)第 i 行加上(减去)第 j 行 k 倍
Σ	连加号
M_{ij}	行列式元素 a_{ij} 的余子式
A_{ij}	行列式元素 a_{ij} 的代数余子式
$D(a_1, a_2, \cdots, a_n)$	n 阶范德蒙行列式
Π	连乘号
$\begin{bmatrix} a_{11} & a_{12} & \cdots & a_{1n} \\ a_{21} & a_{22} & \cdots & a_{2n} \\ \vdots & \vdots & & \vdots \\ a_{n1} & a_{n2} & \cdots & a_{nn} \end{bmatrix} = \left[a_{ij} \right]_{m \times n}$	$m \times n$ 矩阵
$\overline{A}$	(A 的)增广矩阵
$R_{ij} (C_{ij})$	矩阵第 i 行(列),第 j 行(列)互换
$kR_i (kC_i)$	矩阵第 i 行(列)乘 k
秩(A)	矩阵 A 的秩
$A \Rightarrow B$	A 成立可推出 B 成立
$A \Leftrightarrow B$	A 成立的充要条件为 B 成立

续表

符号	意义
$\|A\|$	方阵 A 的行列式
O（$0_{m \times n}$）	零矩阵
$-A$	矩阵 A 的负矩阵
E（E_n）	单位矩阵（n 阶单位矩阵）
λE（λE_n）	数量矩阵（n 阶数量矩阵）
$\mathrm{diag}[\lambda_1, \lambda_2, \cdots, \lambda_n]$	对角矩阵
A^k	方阵 A 的 k 次方幂
$f(A)$	矩阵多项式
A^T（A'）	A 的转置矩阵
E_{ij}	矩阵单位
$\mathrm{tr}A$	A 的迹
A^{-1}	A 的逆矩阵
A^*	A 的伴随矩阵
$\begin{bmatrix} A_{11} & A_{12} & \cdots & A_{1q} \\ A_{21} & A_{22} & \cdots & A_{2q} \\ \vdots & \vdots & & \vdots \\ A_{P1} & A_{P2} & \cdots & A_{Pq} \end{bmatrix}$	分块矩阵
$E(i, j)$	初等矩阵（互换）
$E(i(k))$	初等矩阵（倍乘）
$E(i+j(k), j)$	初等矩阵（倍加）
$O=[0, 0, \cdots, 0]^\mathrm{T}$	零向量
$-\alpha$	α 的负向量
P^n	n 元向量空间
R^n	实向量空间
$\dim V$	向量空间 V 的维数
(α, β)	α, β 的内积
$\|\alpha\|$	实向量 α 的长度
$\alpha \perp \beta$	α 与 β 相交
W_{λ_0}	属于 λ_0 的特征子空间
$f\|\lambda\| = \|\lambda E - A\|$	A 的特征多项式
Δ_k	k 阶顺序主子式

目 录

第一部分 线性代数同步练习

第1章 行列式同步练习 ·· 2
    1.1 数域与排列 ··· 2
    1.2 行列式的定义 ·· 4
    1.3 行列式的性质 ·· 9
    1.4 行列式的按行（列）展开 ··· 14
    1.5 克拉默法则 ··· 18

第2章 线性方程组同步练习 ··· 21
    2.1 消元法 ··· 21
    2.2 矩阵的秩 ·· 23
    2.3 解线性方程组 ·· 26

第3章 矩阵同步练习 ·· 30
    3.1 矩阵的运算 ··· 30
    3.2 可逆矩阵 ·· 37
    3.3 矩阵的分块 ··· 41
    3.4 矩阵的初等变换和初等矩阵 ··· 44
    3.5 矩阵的等价和等价标准形 ·· 47

第4章 向量同步练习 ·· 50
    4.1 定义及其背景 ·· 50
    4.2 向量的线性关系 ··· 51
    4.3 向量组的极大线性无关组和矩阵的秩 ··· 54
    4.4 线性方程组解的结构 ··· 56

第5章 向量空间同步练习 ·· 60
    5.1 基和维数 ·· 60
    5.2 子空间 ··· 62
    5.3 R^N 的内积和标准正交基 ··· 64

第6章 矩阵的相似特征值和特征向量同步练习 ·· 67
    6.1 矩阵的相似和对角化 ··· 67
    6.2 特征值和特征向量 ·· 68
    6.3 矩阵相似的理论和应用 ··· 71

 6.4 实对称矩阵的对角化 74

第 7 章 二次型 77

 7.1 配方法化二次型为标准形 77
 7.2 矩阵理论化二次型为标准形 79
 7.3 二次型的规范形 82
 7.4 正定二次型 85

第二部分 提高篇

第一篇 分章节提高题 90

 第 1 章 行列式提高题 90
 第 2 章 线性方程组提高题 91
 第 3 章 矩阵提高题 96
 第 4 章 向量提高题 102
 第 5 章 向量空间提高题 105
 第 6 章 矩阵的相似特征值和特征向量提高题 106
 第 7 章 二次型提高题 111

第二篇 综合提高篇 115

第三部分 综合练习

第一篇 期中考试样卷 136

 样卷一 《线性代数》课程期中考试试卷 136
 样卷二 《线性代数》课程期中考试试卷 140
 样卷三 《线性代数》课程期中考试试卷 144

第二篇 期末考试样卷 149

 样卷一 《线性代数》课程期末考试试卷 149
 样卷二 《线性代数》课程期末考试试卷 154

参考文献 159

部分参考答案 160

第一部分

线性代数同步练习

第一部分

当代大众传播学

第1章 行列式同步练习

1.1 数域与排列

1. 对一组整数进行四则运算，所得结果是什么数？

2. 写出4个数码1，2，3，4的所有4阶排列.

3. 分别计算下列四个4阶排列的逆序数，然后指出奇排列是（　　）
   A．4312；　　　　B．4132；　　　　C．1342；　　　　D．2314

4. 计算以下各排列的逆序数，并指出它们的奇偶性.
   （1）314265；　　　　（2）314265789；　　　　（3）542391786；
   （4）987654321；　　（5）246813579；　　　　（6）$n(n-1)\cdots21$.

5. 在由 1，2，3，4，5，6，7，8，9 组成的下述 9 阶排列中，选择 i 与 j 使得：

(1) $2147i95j8$ 为偶排列；　　(2) $1i25j4896$ 为奇排列；

(3) $412i5769j$ 偶排列；　　(3) $i3142j786$ 奇排列.

均要求说明理由.

6. 写出全体形如 $5**2*$ 及 $2*5*3$ 的 5 阶排列。总结一下，有 k 个位置数码给定的 $n(n > k)$ 阶排列有多少个？

1.2 行列式的定义

1. 按行列式定义，计算下列行列式（要求写出过程）：

(1) $\begin{vmatrix} a & b \\ a^2 & b^2 \end{vmatrix}$；

(2) $\begin{vmatrix} 1 & \log_b a \\ \log_a b & 1 \end{vmatrix}$；

(3) $\begin{vmatrix} \tan\theta & \sin\theta \\ 1 & \cos\theta \end{vmatrix}$；

(4) $\begin{vmatrix} 0 & a & 0 \\ b & 0 & c \\ 0 & d & 0 \end{vmatrix}$；

(5) $\begin{vmatrix} 1 & -1 & 1 \\ 1 & 1 & -1 \\ -1 & 1 & 1 \end{vmatrix}$;

(6) $\begin{vmatrix} a & 0 & 0 \\ 0 & b & 0 \\ 0 & d & e \end{vmatrix}$.

2. 在 6 阶行列式 $|a_{ij}|$ 中，下列项应该取什么符号？为什么？

（1） $a_{23}a_{31}a_{42}a_{56}a_{14}a_{65}$ ；

（2） $a_{32}a_{43}a_{54}a_{11}a_{66}a_{25}$ ；

（3） $a_{21}a_{53}a_{16}a_{42}a_{65}a_{34}$ ；

（4） $a_{51}a_{13}a_{32}a_{44}a_{26}a_{65}$.

3．当 $i = \_\_\_$，$k = \_\_\_$ 时 $a_{1i}a_{32}a_{4k}a_{25}a_{53}$ 成为 5 阶行列式 $|a_{ij}|$ 中一个取负号的项，为什么？

4．若 $(-1)^{\tau(4k1i5)+\tau(12345)} a_{41}a_{k2}a_{13}a_{i4}a_{55}$ 是 5 阶行列式 $|a_{ij}|$ 中的一项，则当 $i = \_\_\_$，$k = \_\_\_$ 时该项的符号为正，当 $i = \_\_\_$，$k = \_\_\_$ 时该项的符号为负，为什么？

5．写出 4 阶行列式 $|a_{ij}|$ 中包含因子 $a_{42}a_{23}$ 的项，并指出正负号.

6．写出 4 阶行列式 $|a_{ij}|$ 中所有取负号且包含因子 a_{23} 的项.

7. 按行列式定义，计算下列行列式（(4)中 $n>1$，并均要求写出计算过程）：

(1) $\begin{vmatrix} -1 & 0 & 1 \\ a & -2 & 0 \\ 0 & b & -3 \end{vmatrix}$；

(2) $\begin{vmatrix} a & 0 & 0 & 0 \\ 0 & 0 & b & 0 \\ 0 & c & 0 & 0 \\ 0 & 0 & 0 & d \end{vmatrix}$；

(3) $\begin{vmatrix} a_1 & a_2 & a_3 & a_4 & a_5 \\ b_1 & b_2 & b_3 & b_4 & b_5 \\ c_1 & c_2 & 0 & 0 & 0 \\ d_1 & d_2 & 0 & 0 & 0 \\ e_1 & e_2 & 0 & 0 & 0 \end{vmatrix}$；

(4) $\begin{vmatrix} a_{11} & a_{12} & \cdots & a_{1,n-1} & a_{1n} \\ a_{21} & a_{22} & \cdots & a_{2,n-1} & 0 \\ \vdots & \vdots & & \vdots & \vdots \\ a_{n-1,1} & a_{n-1,2} & \cdots & 0 & 0 \\ a_{n1} & 0 & \cdots & 0 & 0 \end{vmatrix}.$

8. 问 $\begin{vmatrix} a_{11} & 0 & 0 & a_{14} \\ 0 & a_{22} & a_{23} & 0 \\ 0 & a_{32} & a_{33} & 0 \\ a_{41} & 0 & 0 & a_{44} \end{vmatrix} = a_{11}a_{22}a_{33}a_{44} - a_{14}a_{23}a_{32}a_{41}$

为什么错？正确答案是什么？

9. 若 n 阶行列式 $D = |a_{ij}|$ 中元素 a_{ij} $(i, j = 1, 2, \cdots, n)$ 均为整数，则 D 必为整数，这结论对不对？为什么？

10. 计算 $n(n>1)$ 阶行列式 $\begin{vmatrix} 0 & 0 & \cdots & 0 & -1 \\ 0 & 0 & \cdots & -1 & 0 \\ \vdots & \vdots & & \vdots & \vdots \\ 0 & -1 & \cdots & 0 & 0 \\ -1 & 0 & \cdots & 0 & 0 \end{vmatrix}$.

1.3 行列式的性质

1. 设 $D = \begin{vmatrix} a_{11} & a_{12} & a_{13} \\ a_{21} & a_{22} & a_{23} \\ a_{31} & a_{32} & a_{33} \end{vmatrix} = a \neq 0$，据此计算下列行列式（要求写出计算过程）：

（1） $\begin{vmatrix} a_{31} & a_{32} & a_{33} \\ a_{21} & a_{22} & a_{23} \\ a_{11} & a_{12} & a_{31} \end{vmatrix}$；

（2）$\begin{vmatrix} 2a_{11} & 3a_{13}-5a_{12} & a_{12} \\ 2a_{21} & 3a_{23}-5a_{22} & a_{22} \\ 2a_{31} & 3a_{33}-5a_{32} & a_{32} \end{vmatrix}$.

2. 用行列式性质计算下列行列式（要求写出计算过程）：

（1）$\begin{vmatrix} 1998 & 1999 & 2000 \\ 2001 & 2002 & 2003 \\ 2004 & 2005 & 2006 \end{vmatrix}$；

（2）$\begin{vmatrix} a & b+c & 1 \\ b & c+a & 1 \\ c & a+b & 1 \end{vmatrix}$；

（3）$\begin{vmatrix} x_1y_1 & x_1y_2 & x_1y_3 \\ x_2y_1 & x_2y_2 & x_2y_3 \\ x_3y_1 & x_3y_2 & x_3y_3 \end{vmatrix}$；

(4) $\begin{vmatrix} 1 & 0 & 0 & -1 \\ 0 & 2 & 2 & 0 \\ 0 & -3 & 3 & 0 \\ 4 & 0 & 0 & 4 \end{vmatrix}$;

(5) $\begin{vmatrix} 1 & 1 & 1 & 1 \\ 1 & 2 & 3 & 4 \\ 1 & 4 & 10 & 20 \\ 4 & 0 & 0 & 4 \end{vmatrix}$;

(6) $\begin{vmatrix} 1 & 1 & 1 & 0 \\ 1 & 1 & 0 & 1 \\ 1 & 0 & 1 & 1 \\ 0 & 1 & 1 & 1 \end{vmatrix}$;

(7) $\begin{vmatrix} 2 & 1 & -1 \\ 4 & -1 & 1 \\ 201 & 102 & -99 \end{vmatrix}$;

（8）$\begin{vmatrix} a-b-c & 2a & 2a \\ 2b & b-c-a & 2b \\ 2c & 2c & c-a-b \end{vmatrix}$.

3．用行列式性质计算下列 $n(n>1)$ 阶行列式（要求写出计算过程）：

（1）$\begin{vmatrix} 1 & a_1 & a_2 & \cdots & a_{n-1} \\ 1 & a_1+b_1 & a_2 & \cdots & a_{n-1} \\ 1 & a_1 & a_2+b_2 & \cdots & a_{n-1} \\ \vdots & \vdots & \vdots & & \vdots \\ 1 & a_1 & a_2 & \cdots & a_{n-1}+b_{n-1} \end{vmatrix}$;

（2）$\begin{vmatrix} -a_1 & a_1 & 0 & \cdots & 0 & 0 \\ 0 & -a_2 & a_2 & \cdots & 0 & 0 \\ \vdots & \vdots & \vdots & & \vdots & \vdots \\ 0 & 0 & 0 & \cdots & -a_{n-1} & a_{n-1} \\ 1 & 1 & 1 & \cdots & 1 & 1 \end{vmatrix}$.

4．证明：$\begin{vmatrix} a^2 & (a+1)^2 & (a+2)^2 & (a+3)^2 \\ b^2 & (b+1)^2 & (b+2)^2 & (b+3)^2 \\ c^2 & (c+1)^2 & (c+2)^2 & (c+3)^2 \\ d^2 & (d+1)^2 & (d+2)^2 & (d+3)^2 \end{vmatrix}=0$.

5. 求下列多项式的根（要求写出计算过程）：

(1) $f(x) = \begin{vmatrix} 1 & 1 & 2 & 3 \\ 1 & 2-x^2 & 2 & 3 \\ 2 & 2 & 6 & 5 \\ 2 & 2 & 6 & 9-x^2 \end{vmatrix}$;

(2) $f(x) = \begin{vmatrix} 1 & 1 & 1 & \cdots & 1 & 1 \\ 1 & 1-x & 1 & \cdots & 1 & 1 \\ 1 & 1 & 2-x & \cdots & 1 & 1 \\ \vdots & \vdots & \vdots & & \vdots & \vdots \\ 1 & 1 & 1 & \cdots & 1 & n-1-x \end{vmatrix}$ $(n>1)$.

6. 由 $n(n>1)$ 阶行列式

$$\begin{vmatrix} 1 & 1 & \cdots & 1 \\ 1 & 1 & \cdots & 1 \\ \vdots & \vdots & & \vdots \\ 1 & 1 & \cdots & 1 \end{vmatrix} = 0,$$

来说明 $n!$ 个不同的 n 阶排列中奇排列和偶排列各占一半.

1.4 行列式的按行（列）展开

1. 计算下列行列式（要求写出计算过程）：

(1) $\begin{vmatrix} x & a & b & 0 & c \\ 0 & y & 0 & 0 & d \\ 0 & e & z & 0 & f \\ g & h & k & u & l \\ 0 & 0 & 0 & 0 & v \end{vmatrix}$；

(2) $\begin{vmatrix} 1 & 1 & 1 & 1 \\ 2 & 3 & 4 & 1 \\ 3 & 4 & 1 & 2 \\ 4 & 1 & 2 & 3 \end{vmatrix}$；

(3) $\begin{vmatrix} a & b & c & d & e \\ 0 & 1 & 0 & 0 & 0 \\ 0 & 0 & 1 & 0 & 0 \\ 0 & 0 & 0 & 1 & 0 \\ e & d & c & b & a \end{vmatrix}$；

(4) $\begin{vmatrix} a_1 & 0 & 0 & \cdots & 0 & 1 \\ 0 & a_2 & 0 & \cdots & 0 & 0 \\ 0 & 0 & a_3 & \cdots & 0 & 0 \\ \vdots & \vdots & \vdots & & \vdots & \vdots \\ 0 & 0 & 0 & \cdots & a_{n-1} & 0 \\ 1 & 0 & 0 & \cdots & 0 & a_n \end{vmatrix}$;

(5) $\begin{vmatrix} 1 & 1 & 0 & 0 & 0 & 1 \\ x_1 & x_2 & 0 & 0 & 0 & x_3 \\ a_1 & b_1 & 1 & 1 & 1 & c_1 \\ a_2 & b_2 & x_1 & x_2 & x_3 & c_2 \\ x_1^2 & x_2^2 & 0 & 0 & 0 & x_3^2 \\ a_3 & b_3 & x_1^2 & x_2^2 & x_3^2 & c_3 \end{vmatrix}$;

(6) $\begin{vmatrix} 1 & 1 & 1 & 1 \\ 1 & 2 & -2 & x \\ 1 & 4 & 4 & x^2 \\ 1 & 8 & -8 & x^3 \end{vmatrix}$;

(7) $\begin{vmatrix} a & b & c \\ a^2 & b^2 & c^2 \\ b+c & c+a & a+b \end{vmatrix}$

2. 计算下列 $n(n>1)$ 阶行列式（要求写出计算过程）：

(1) $\begin{vmatrix} x & y & 0 & \cdots & 0 & 0 \\ 0 & x & y & \cdots & 0 & 0 \\ 0 & 0 & x & \cdots & 0 & 0 \\ \vdots & \vdots & \vdots & & \vdots & \vdots \\ 0 & 0 & 0 & \cdots & x & y \\ y & 0 & 0 & \cdots & 0 & x \end{vmatrix}$;

(2) $\begin{vmatrix} 1+x_1y_1 & 1+x_1y_2 & \cdots & 1+x_1y_n \\ 1+x_2y_1 & 1+x_2y_2 & \cdots & 1+x_2y_n \\ \vdots & \vdots & & \vdots \\ 1+x_ny_1 & 1+x_ny_2 & \cdots & 1+x_ny_n \end{vmatrix}$.

姓名：_____　　学号：_____　　所在院系：_____　　所在班级：_____

3．求下列多项式的根（要求写出计算过程）：

（1）$f(x) = \begin{vmatrix} x-5 & 1 & -3 \\ 1 & x-5 & 3 \\ -3 & 3 & x-3 \end{vmatrix}$；

（2）$f(x) = \begin{vmatrix} x-1 & -2 & -2 \\ -2 & x-1 & -2 \\ -2 & -2 & x-1 \end{vmatrix}$．

4．计算下列行列式（要求写出计算过程）：

（1）$\begin{vmatrix} 7 & 6 & 5 & 4 & 3 & 2 \\ 9 & 7 & 8 & 9 & 4 & 3 \\ 7 & 4 & 9 & 7 & 0 & 0 \\ 5 & 3 & 6 & 1 & 0 & 0 \\ 0 & 0 & 5 & 6 & 0 & 0 \\ 0 & 0 & 6 & 8 & 0 & 0 \end{vmatrix}$；

(2) $\begin{vmatrix} 1 & 2 & 2 & 1 \\ 0 & 1 & 0 & 2 \\ 2 & 0 & 1 & 1 \\ 0 & 2 & 0 & 1 \end{vmatrix}$;

(3) $\begin{vmatrix} a & 0 & 0 & 1 \\ 0 & b & 2 & 0 \\ 0 & 3 & c & 0 \\ 4 & 0 & 0 & d \end{vmatrix}$.

1.5 克拉默法则

1. 试用克拉默法则解下列方程组：

(1) $\begin{cases} x_1 + x_2 - 2x_3 = -3, \\ 5x_1 - 2x_2 + 7x_3 = 22, \\ 2x_1 - 5x_2 + 4x_3 = 4; \end{cases}$

（2）$\begin{cases} bx_1 - ax_2 = -2ab, \\ -2cx_2 + 3bx_3 = bc, \\ cx_1 + ax_3 = 0, \end{cases}$ 其中 $abc \neq 0$;

（3）$\begin{cases} 2x_1 - x_2 + 3x_3 + 2x_4 = 6, \\ 3x_1 - 3x_2 + 3x_3 + 2x_4 = 5, \\ 3x_1 - x_2 - x_3 + 2x_4 = 3, \\ 3x_1 - x_2 + 3x_3 - x_4 = 4; \end{cases}$

（4）$\begin{cases} x_1 - 3x_3 - 6x_4 = 9, \\ 2x_1 - 5x_2 + x_3 + x_4 = 8, \\ -x_1 + 2x_2 + 2x_4 = -5, \\ x_1 - 7x_2 + 4x_3 + 6x_4 = 0; \end{cases}$

（5）$\begin{cases} x+y+z=1, \\ x+\varepsilon y+\varepsilon^2 z=\varepsilon, \\ x+\varepsilon^2 y+\varepsilon z=\varepsilon^2, \end{cases}$ 其中 ε 为三次原根，即 $\varepsilon \neq 1$，且 $\varepsilon^3=1$ 的复数．

2．当 λ 取何值时，线性方程组
$$\begin{cases} x_1 \quad\quad +\lambda x_3 \quad\quad =0, \\ 2x_1 \quad\quad\quad\quad -x_4 =0, \\ \lambda x_1 +x_2 \quad\quad\quad =0, \\ \quad\quad\quad\quad x_3 \quad 2x_4 =0, \end{cases}$$
一定只有零解，为什么？

3．证明：对任意实数 k，线性方程组
$$\begin{cases} (k-1)x_1+kx_2=0, \\ -2x_1+(k-1)x_2=0, \end{cases}$$
只有零解．

第 2 章 线性方程组同步练习

2.1 消元法

1. 下列图（1）（2），分别为某些地区的管道网，并已经标明了流量和流向，请列出确定各段流量 $x_1, x_2, \cdots, x_k$ 的线性方程组.

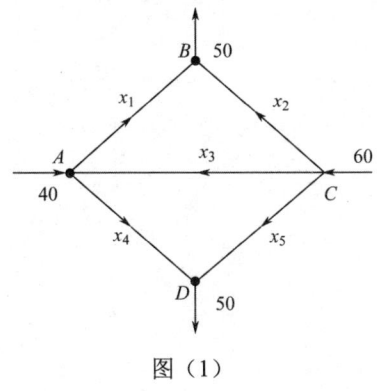

图（1）

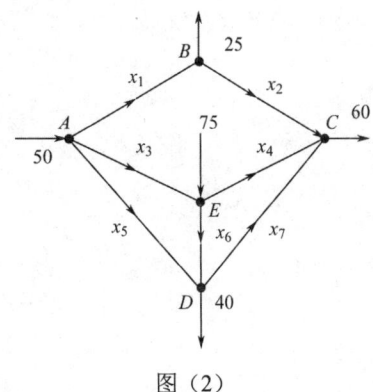

图（2）

2. 写出下列线性方程组的系数矩阵 A 和增广矩阵 $\overline{A}$.

（1） $\begin{cases} x_1 - x_2 = 1, \\ x_2 - x_3 = 1, \\ x_3 - x_4 = 1, \\ -x_1 + x_4 = -1. \end{cases}$

(2) $\begin{cases} x_4 + 2x_5 - 1 = 0, \\ x_1 - 3x_4 - 2 = 0, \\ x_1 + 2x_2 + 3x_3 - 2 = 0, \\ -2x_2 + 4x_3 - 3x_4 + x_5 - 1 = 0. \end{cases}$

3. 只用初等行变换将下列矩阵化为约化阶梯形.

(1) $\begin{bmatrix} 1 & 7 & 2 & 8 \\ 0 & -5 & 3 & 6 \\ -1 & -7 & 3 & 7 \end{bmatrix}$;

(2) $\begin{bmatrix} 1 & 3 & 12 \\ 4 & 7 & 7 \\ 3 & 6 & 9 \\ 2 & -3 & 3 \end{bmatrix}$;

(3) $\begin{bmatrix} 1 & -1 & 3 & -1 \\ 2 & -1 & -1 & 4 \\ 3 & -2 & 2 & 3 \\ 1 & 0 & -4 & 5 \end{bmatrix}$.

4. 证明互换可通过连续施行若干次倍乘，倍加而实现.

5. 设 n 阶行列式

$$\begin{vmatrix} a_{11} & a_{12} & \cdots & a_{1n} \\ a_{21} & a_{22} & \cdots & a_{2n} \\ \vdots & \vdots & & \vdots \\ a_{n1} & a_{n2} & \cdots & a_{nn} \end{vmatrix} \neq 0.$$

证明：用初等行变换能把 n 行 n 列矩阵 $A = \begin{bmatrix} a_{11} & a_{12} & \cdots & a_{1n} \\ a_{21} & a_{22} & \cdots & a_{2n} \\ \vdots & \vdots & & \vdots \\ a_{n1} & a_{n2} & \cdots & a_{nn} \end{bmatrix}$ 化为 $\begin{bmatrix} 1 & 0 & \cdots & 0 \\ 0 & 1 & \cdots & 0 \\ \vdots & \vdots & & \vdots \\ 0 & 0 & \cdots & 1 \end{bmatrix}$.

2.2 矩阵的秩

1. 设 $m \times n$ 矩阵 A 的秩为 $r(r > 1,$ 且 $r < m, r < n)$，问 A 中是否一定存在不为零的 $r-1$ 阶子式？是否存在为零的 r 阶子式？是否存在不为零的 $r+1$ 阶子式？为什么？

2. 求下列矩阵的秩.

(1) $\begin{bmatrix} 2 & 0 & 3 & 1 & 4 \\ 3 & -5 & 4 & 2 & 7 \\ 1 & 5 & 2 & 0 & 1 \end{bmatrix}$;

(2) $\begin{bmatrix} 0 & 1 & 1 & -1 & 2 \\ 0 & 2 & -2 & 2 & 0 \\ 0 & -1 & -1 & 1 & 1 \\ 1 & 1 & 0 & 1 & -1 \end{bmatrix}$;

(3) $\begin{bmatrix} 1 & 0 & 1 & 0 & 0 \\ 1 & 1 & 0 & 0 & 0 \\ 0 & 1 & 1 & 0 & 0 \\ 0 & 0 & 1 & 1 & 0 \\ 0 & 1 & 0 & 1 & 1 \end{bmatrix}$;

（4） $\begin{bmatrix} 1 & -1 & 2 & 1 & 0 \\ 2 & -2 & 4 & -1 & 0 \\ 3 & 0 & 6 & -2 & 1 \\ 0 & 3 & 0 & 0 & 1 \end{bmatrix}$.

3．设矩阵 A 经过一系列初等行变换和初等列变换化为 $\begin{bmatrix} 2 & 0 & 5 & 6 & -1 & 8 \\ 0 & 0 & -1 & -2 & 3 & 4 \\ 0 & 0 & 0 & 0 & 0 & 0 \\ 0 & 0 & 0 & 0 & 1 & 0 \end{bmatrix}$，则秩 $(A)=$ ___.

4．设 $A = \begin{bmatrix} 1 & 1 & 1 & 1 \\ 1 & 1 & 1 & 1 \\ 1 & 1 & 1 & 1 \end{bmatrix}, B = \begin{bmatrix} 1 & 2 & 1 & 1 \\ 1 & 1 & 1 & 1 \\ 1 & 1 & 1 & 1 \end{bmatrix}, C = \begin{bmatrix} 1 & 1 & 1 & 1 \\ 1 & 2 & 1 & 1 \\ 0 & 0 & 0 & 0 \end{bmatrix}, D = \begin{bmatrix} 1 & 2 & 3 \\ 0 & 0 & 0 \\ 0 & 0 & 0 \end{bmatrix}$，则与矩阵 A 秩相等的矩阵是_____，且说明理由．

5. 设 $a_i(i=1,2,...,m)$ 不全为零，$b_j(j=1,2,...,n)$ 不全为零，且

$$A_{m\times n} = \begin{bmatrix} a_1b_1 & a_1b_2 & \cdots & a_1b_n \\ a_2b_1 & a_2b_2 & \cdots & a_2b_n \\ \vdots & \vdots & & \vdots \\ a_mb_1 & a_mb_2 & \cdots & a_mb_n \end{bmatrix},$$

求矩阵 $A_{m\times n}$ 的秩.

6. 设 $A = \begin{bmatrix} k & 1 & 1 & 1 \\ 1 & k & 1 & 1 \\ 1 & 1 & k & 1 \\ 1 & 1 & 1 & k \end{bmatrix}$，计算 A 的秩.

2.3 解线性方程组

1. 解下列线性方程组：

（1）$\begin{cases} x_1 - x_2 + x_3 + 2x_4 = 1, \\ -2x_1 + 2x_2 - 3x_3 + 3x_4 = 2, \\ x_1 - x_2 + 2x_3 + 5x_4 = -1, \\ -x_1 + x_2 - 3x_3 + 2x_4 = 4; \end{cases}$

（2）$\begin{cases} x_1 - x_2 + 3x_3 - 4x_4 = 4, \\ x_2 - x_3 + x_4 = -3, \\ x_1 + 3x_2 + x_4 = 1, \\ -7x_2 + 3x_3 + x_4 = -3; \end{cases}$

（3）$\begin{cases} x_1 - 2x_2 + x_3 + x_4 = 1, \\ x_1 - 2x_2 + x_3 - x_4 = -1, \\ x_1 - 2x_2 + x_3 + 5x_4 = 5; \end{cases}$

（4）$\begin{cases} x_1 + x_2 - x_3 - x_4 = 1, \\ 2x_1 + x_2 + x_3 + x_4 = 4, \\ 4x_1 + 3x_2 - x_3 - x_4 = 6, \\ x_1 + 2x_2 - 4x_3 - 4x_4 = -1; \end{cases}$

（5） $\begin{cases} x_1 - 2x_2 + 3x_3 - 4x_4 = 0, \\ x_2 - x_3 + x_4 = 0, \\ x_1 + 3x_2 - 3x_4 = 0, \\ x_1 - 4x_2 + 3x_3 - 2x_4 = 0; \end{cases}$

（6） $\begin{cases} x_1 - x_3 + x_5 = 0, \\ x_2 - x_4 + x_6 = 0, \\ x_1 - x_2 + x_5 - x_6 = 0, \\ x_2 - x_3 + x_6 = 0, \\ x_1 - x_4 + x_5 = 0. \end{cases}$

2. 下列齐次线性方程组哪些不必通过计算直接判断有非零解？为什么？

（1） $\begin{cases} 2x_1 + 3x_2 - 4x_4 = 0, \\ x_1 + 2x_2 + 3x_3 = 0, \\ 3x_2 - 7x_3 + 8x_4 = 0; \end{cases}$

（2）$\begin{cases} x_1 - 2x_2 + 5x_3 = 0, \\ 2x_1 - 3x_2 + 6x_3 = 0, \\ -x_1 + 2x_2 - 5x_3 = 0. \end{cases}$

3. λ 为何值时，齐次线性方程组 $\begin{cases} \lambda x_1 + x_2 + x_3 = 0, \\ x_1 + \lambda x_2 - x_3 = 0, \\ 2x_1 - x_2 + x_3 = 0; \end{cases}$ 只有零解.

4. 若齐次线性方程组 $\begin{cases} \lambda x_1 + x_4 = 0, \\ x_1 + 2x_2 - x_4 = 0, \\ (\lambda+2)x_1 - x_2 + 4x_4 = 0, \\ 2x_1 + x_2 + 3x_3 + \lambda x_4 = 0; \end{cases}$ 有非零解，则 $\lambda = $ _____

第3章 矩阵同步练习

3.1 矩阵的运算

1. A，B 均为 n 阶方阵，则下述命题正确的是（   ），并请说明理由.
   A. 若 $|A|=|B|$，则必有 $A=B$.　　B. 若 $A\neq B$，则必有 $|A|\neq|B|$.
   C. 若 $A\neq B$，则必有 $|A|=|B|$.　　D. 若 $A=B$，则必有 $|A|=|B|$.

2. 设 $A=\begin{bmatrix}1 & -1 & 2\\ 3 & 0 & 2\end{bmatrix}$，$B=\begin{bmatrix}4 & 3 & 0\\ 2 & -1 & 1\end{bmatrix}$，$C=\begin{bmatrix}-1 & 2 & -1\\ 0 & -5 & 1\end{bmatrix}$，求 $A-2B+3C$；$3A-2B$.

3. 若矩阵 X 适合 $\begin{bmatrix}3 & -6 & 2 & 0\\ 1 & 5 & -1 & 8\\ 4 & 3 & 1 & 7\end{bmatrix}+2X=\begin{bmatrix}5 & 4 & -4 & 2\\ -7 & 1 & 9 & 4\\ 6 & -1 & 3 & 9\end{bmatrix}$，求 X.

4. 设 $A=\begin{bmatrix}1\\2\\3\end{bmatrix}$, $B=\begin{bmatrix}1 & -2 & 1\end{bmatrix}$, $C=\begin{bmatrix}-1 & 0 & 0\\1 & -1 & 0\\0 & 1 & -1\end{bmatrix}$, 求 AB; BA; CA; BCA.

5. 设

$$D=\begin{bmatrix}\lambda_1 & 0 & 0 & \cdots & 0\\ 0 & \lambda_2 & 0 & \cdots & 0\\ 0 & 0 & \lambda_3 & \cdots & 0\\ \vdots & \vdots & \vdots & & \vdots\\ 0 & 0 & 0 & 0 & \lambda_n\end{bmatrix},\ A=\begin{bmatrix}a_{11} & a_{12} & \cdots & a_{1n}\\ a_{21} & a_{22} & \cdots & a_{2n}\\ \vdots & \vdots & & \vdots\\ a_{n1} & a_{n2} & \cdots & a_{nn}\end{bmatrix}.$$

（1）求 $DA=$____, $AD=$____;
（2）若 $\lambda_i \neq \lambda_j$（$i \neq j$），证明：与 D 乘法可换的矩阵必为对角矩阵.

6. 用数学归纳法证明：

（1）$\begin{bmatrix}1 & 1 & 0\\ 0 & 1 & 1\\ 0 & 0 & 1\end{bmatrix}^n = \begin{bmatrix}1 & n & C_n^2\\ 0 & 1 & n\\ 0 & 0 & 1\end{bmatrix}$, 其中 C_n^2 为 n 中取 2 的组合数;

(2) 设 $\boldsymbol{B}=\begin{bmatrix} 1 & 4 & 2 \\ 0 & -3 & -2 \\ 0 & 4 & 3 \end{bmatrix}$，则 $\boldsymbol{B}^n = \begin{cases} E, & n\text{为偶数}; \\ B, & n\text{为奇数}; \end{cases}$

(3) $\begin{bmatrix} \cos\varphi & -\sin\varphi \\ \sin\varphi & \cos\varphi \end{bmatrix}^n = \begin{bmatrix} \cos n\varphi & -\sin n\varphi \\ \sin n\varphi & \cos n\varphi \end{bmatrix};$

(4) $\begin{bmatrix} a & 0 & 0 \\ 0 & b & 0 \\ 0 & 0 & c \end{bmatrix}^n = \begin{bmatrix} a^n & 0 & 0 \\ 0 & b^n & 0 \\ 0 & 0 & c^n \end{bmatrix}.$

7. 计算下列矩阵：

(1) $\begin{bmatrix} 0 & 0 & 1 \\ 0 & 1 & 0 \\ 1 & 0 & 0 \end{bmatrix}^2;$

（2）$\begin{bmatrix} x & y & 1 \end{bmatrix} \begin{bmatrix} a_{11} & a_{12} & b_1 \\ a_{12} & a_{22} & b_2 \\ b_1 & b_2 & c \end{bmatrix} \begin{bmatrix} x \\ y \\ 1 \end{bmatrix}$;

（3）$\begin{bmatrix} 1 & -1 & -1 & -1 \\ -1 & 1 & -1 & -1 \\ -1 & -1 & 1 & -1 \\ -1 & -1 & -1 & 1 \end{bmatrix}^2$;

（4）$\begin{bmatrix} \dfrac{1}{2} & -\dfrac{1}{2} \\ -\dfrac{1}{2} & \dfrac{1}{2} \end{bmatrix}^2$;

8．设 $f(x)=3x^2-2x+5$，$A=\begin{bmatrix} 1 & -2 & 3 \\ 2 & -4 & 1 \\ 3 & -5 & 2 \end{bmatrix}$，求 $f(A)$．

9. 设 $A=\left[a_{ij}\right]_{m\times n}$，$\boldsymbol{\alpha}=\begin{bmatrix}1 & 1 & \cdots & 1\end{bmatrix}^{\mathrm{T}}$，且 A 的各行元素之和均为 k，求 $A\boldsymbol{\alpha}_{n\times 1}$.

10. 设 $A=\begin{bmatrix}a_1 & a_2 & \cdots & a_n\end{bmatrix}$，则 $AA^{\mathrm{T}}=\underline{\qquad}$，$A^{\mathrm{T}}A=\underline{\qquad}$.

11. 设 A，B 都是对称矩阵，证明：AB 为对称矩阵 $\Leftrightarrow AB=BA$.

12. 已知 $\boldsymbol{\alpha}=\begin{bmatrix}1 & 2 & 3\end{bmatrix}_{1\times 3}$，$\boldsymbol{\beta}=\begin{bmatrix}1 & \dfrac{1}{2} & \dfrac{1}{3}\end{bmatrix}_{1\times 3}$，设 $A=\boldsymbol{\alpha}^{\mathrm{T}}\boldsymbol{\beta}$，求 $A^n(n>1)$.

13. 证明奇数阶反对称行列式为零．利用此结论计算下列行列式：

(1) $\begin{vmatrix} 0 & a & b & c & d \\ -a & 0 & e & f & g \\ -b & -e & 0 & h & i \\ -c & -f & -h & 0 & j \\ -d & -g & -i & -j & 0 \end{vmatrix}$;

(2) $\begin{vmatrix} 0 & 1 & 2 & 3 & -4 \\ -2 & 0 & -2 & 4 & 6 \\ -6 & 3 & 0 & -3 & 6 \\ -12 & -8 & 4 & 0 & 4 \\ 20 & -15 & 10 & -5 & 0 \end{vmatrix}$.

14. 甲、乙、丙、丁四人语文、数学、外语的期中、期末、平时考试成绩如下表所示．

期中考试	语文	数学	外语	期末考试	语文	数学	外语	平时	语文	数学	外语
甲	94	90	97	甲	90	86	95	甲	94	80	90
乙	85	85	76	乙	78	80	70	乙	80	80	70
丙	98	95	97	丙	92	93	96	丙	90	90	100
丁	60	70	72	丁	66	74	75	丁	70	80	80

（1）分别写出表示甲、乙、丙、丁四人的期中，期末，平时成绩的矩阵 A，B，C.

（2）学校规定学期成绩计算方法是期中考试成绩占 20%，期末考试成绩占 70%，平时成绩占 10%，若把甲、乙、丙、丁四人期终成绩的矩阵记为 D，写出 A，B，C，D 之间的关系，并由此计算出 D（最后数字用四舍五入表示）.

15．某港口在某月份运到Ⅰ、Ⅱ、Ⅲ三地的甲，乙两种货物的数量，以及两种货物一个单位的价格、重量、体积如下表所示

出口量＼地区 货物	Ⅰ	Ⅱ	Ⅲ	单位价格（万元）	单位重量（吨）	单位体积（米³）
甲	2000	1200	800	0.2	0.02	0.12
乙	1200	1400	600	0.35	0.05	0.5

（1）分别写出表示运到三地货物数量的矩阵 A，以及表示货物单位价格、单位重量、单位体积的矩阵 B.

（2）设表示运到三地的货物总价值、总重量、总体积的矩阵为 C，写出矩阵 A，B，C 的关系，并由此计算出 C.

3.2 可逆矩阵

1. 下列矩阵中可逆矩阵是（　　），并说明理由.

   A. $\begin{bmatrix} 1 & 2 & 3 \\ 2 & 4 & 6 \\ 1 & 1 & 1 \end{bmatrix}$ 　　　　　　　B. $\begin{bmatrix} 1 & 2 & 0 & 4 \\ 2 & 4 & 0 & 3 \\ 0 & 0 & 1 & 2 \end{bmatrix}$

   C. $\begin{bmatrix} 1 & 2 & 0 \\ 2 & 4 & 0 \\ 0 & 0 & 1 \end{bmatrix}$ 　　　　　　　D. $\begin{bmatrix} 1 & 2 & 0 \\ 2 & 5 & 0 \\ 0 & 0 & 1 \end{bmatrix}$

2. 下列命题正确的是（　　），并说明理由.

   A. 若 A 是 n 阶方阵，且 $A \neq O$，则 A 可逆.
   B. 若 A，B 都是 n 阶可逆方阵，则 $A+B$ 也可逆.
   C. 若 $AB=O$，且 $A \neq O$，则必有 $B=O$.
   D. 设 A 是 n 阶方阵，则 A 可逆 A^T 可逆.

3. 已知 $A^{-1} = \begin{bmatrix} 3 & 5 \\ -2 & -4 \end{bmatrix}$，则 $A=$ _____.

4. 求下列矩阵的逆矩阵：

   （1）$\begin{bmatrix} 1 & 2 & -3 \\ 0 & 1 & 2 \\ 0 & 0 & 1 \end{bmatrix}$；

（2）$\begin{bmatrix} 1 & 2 & 2 \\ 2 & 1 & -2 \\ 2 & -2 & 1 \end{bmatrix}$.

5. 解下列矩阵方程：

（1）$\begin{bmatrix} 1 & 2 \\ 3 & 4 \end{bmatrix} X = \begin{bmatrix} 3 & 5 \\ 5 & 9 \end{bmatrix}$；

（2）$\begin{bmatrix} 1 & 1 & 1 \\ 0 & 1 & 1 \\ 0 & 0 & 1 \end{bmatrix} X = \begin{bmatrix} 5 & 6 \\ 3 & 4 \\ 1 & 2 \end{bmatrix}$；

（3）$\begin{bmatrix} 1 & 4 \\ -1 & 2 \end{bmatrix} X = \begin{bmatrix} 2 & 0 \\ -1 & 1 \end{bmatrix} = \begin{bmatrix} 3 & 1 \\ 0 & -1 \end{bmatrix}$.

6. 解出满足下述条件的矩阵 X：

（1）$(A+2E)X=C$，其中 $A=\begin{bmatrix} 1 & 1 \\ 1 & 2 \end{bmatrix}$，$C=\begin{bmatrix} 1 & 1 \\ 0 & 1 \end{bmatrix}$；

（2）$A^{-1}XA=6A+XA$，其中 $A=\begin{bmatrix} \dfrac{1}{3} & 0 & 0 \\ 0 & \dfrac{1}{4} & 0 \\ 0 & 0 & \dfrac{1}{7} \end{bmatrix}$；

（3）$A^2+AX-X=E$，其中 $A=\begin{bmatrix} 1 & 0 & 2 \\ 0 & -3 & 0 \\ 1 & 0 & 0 \end{bmatrix}$.

7. 设 A 为 n 阶方阵，存在某个正整数 $k>1$，使 $A^k=O$（A 称为幂零矩阵），证明：$E-A$ 可逆，且其逆为 $E+A+A^2+\cdots+A^{k-1}$.

8. 设 A 为 n 阶方阵，适合 $a_m A^m + a_{m-1} A^{m-1} + \cdots + a_1 A + a_0 E = O$，其中 $a_0 \neq 0$，求证：A 可逆，且求出其逆．

9. 已知 A 为 3 阶方阵，且 $|A| = 3$，求

(1) $|A^{-1}|$；　　　　　　(2) $|A^*|$；　　　　　　(3) $|-2A|$；

(4) $|(3A)^{-1}|$；　　　　　(5) $\left|\dfrac{1}{3}A^* - 4A^{-1}\right|$；　　　　　(6) $(A^*)^{-1}$．

10. 设 A，B 均为 n 阶可逆矩阵，A^*，B^* 为其伴随矩阵，证明：$(AB)^* = B^* A^*$．

11. 设 A 是 n 阶方阵，若 $A^2 = A$ 且 $A \neq E$，则 A 不是可逆矩阵.

12. 设 A 是 n 阶方阵，如有非零的 $n \times t$ 矩阵 B 使 $AB = O$，则 $|A| = 0$.

13. 设 n 阶方阵 A 满足 $A^2 + A - 4E = O$，证明：A 及 $A - E$ 都是可逆矩阵，且写出 A^{-1} 及 $(A-E)^{-1}$.

3.3 矩阵的分块

1. 将矩阵适当分块后计算：

(1) $\begin{bmatrix} -1 & 2 & 0 & 0 \\ 3 & 1 & 0 & 0 \\ 0 & 0 & 1 & 2 \\ 0 & 0 & -2 & 1 \end{bmatrix} \begin{bmatrix} 1 & 3 & 0 & 0 \\ 4 & -1 & 0 & 0 \\ 0 & 0 & 2 & 1 \\ 0 & 0 & 3 & 4 \end{bmatrix}$;

(2) $\begin{bmatrix} 2 & 0 & 0 & 1 & 0 \\ 0 & 2 & 0 & 0 & 1 \\ 0 & 0 & 2 & 2 & -1 \\ 0 & 0 & 1 & 1 & 4 \\ 0 & 0 & 0 & 0 & 1 \end{bmatrix} \begin{bmatrix} 1 & 1 & 1 \\ 1 & 1 & 1 \\ 1 & 1 & 1 \\ 0 & 1 & 0 \\ 0 & 0 & 1 \end{bmatrix}.$

2. 设 A 为 n 阶可逆矩阵，计算：

(1) $A^{-1}[A \ E_n]$；

(2) $\begin{bmatrix} A \\ E_n \end{bmatrix} A^{-1}$；

(3) $[A \ E_n]^{\mathrm{T}} [A \ E_n]$；

(4) $[A \ E_n][A \ E_n]^{\mathrm{T}}$；

(5) $\begin{bmatrix} A^{-1} \\ E_n \end{bmatrix} [A \ E_n]$.

3. 设 $M = \begin{bmatrix} A & B \\ C & D \end{bmatrix}$，其中 A，B，C，D 均为 n（$n>1$）阶方阵，则 $M^T =$ _____．

A. $\begin{bmatrix} A & C \\ B & D \end{bmatrix}$

B. $\begin{bmatrix} A & C^T \\ B^T & D \end{bmatrix}$

C. $\begin{bmatrix} A^T & C^T \\ B^T & D^T \end{bmatrix}$

D. $\begin{bmatrix} A^T & B^T \\ C^T & D^T \end{bmatrix}$

4. 设 A，B 分别为 r，t 阶方阵，令 $Q = \begin{bmatrix} O & A \\ B & O \end{bmatrix}$．

（1）证明：Q 可逆 $\Leftrightarrow A$，B 均可逆；

（2）当 Q 可逆时，求出 Q^{-1}．

5. 利用矩阵分块求下列矩阵的逆：

（1）$\begin{bmatrix} 2 & 1 & 0 & 0 \\ 1 & 1 & 0 & 0 \\ 0 & 0 & 2 & 7 \\ 0 & 0 & 1 & 3 \end{bmatrix}$；

（2）$\begin{bmatrix} 0 & 0 & 3 & -2 \\ 0 & 0 & 5 & -3 \\ 3 & 4 & 0 & 0 \\ 1 & 1 & 0 & 0 \end{bmatrix}$；

（3）$\begin{bmatrix} 0 & 0 & 0 & 1 & 2 \\ 0 & 0 & 0 & 2 & 3 \\ 1 & 1 & 0 & 0 & 0 \\ 0 & 1 & 1 & 0 & 0 \\ 0 & 0 & 1 & 0 & 0 \end{bmatrix}$;

（4）$\begin{bmatrix} 0 & a_1 & 0 & \cdots & 0 & 0 \\ 0 & 0 & a_2 & \cdots & 0 & 0 \\ \vdots & \vdots & \vdots & & \vdots & \vdots \\ 0 & 0 & 0 & \cdots & 0 & a_{n-1} \\ a_n & 0 & 0 & \cdots & 0 & 0 \end{bmatrix}_{n \times n}$,

其中 $a_i \neq 0 (i=1,2,\cdots,n)$.

6. 考虑一些变形. 仍设 A, B 分别为 r 阶, s 阶方阵, 令

$$M_1 = \begin{bmatrix} A & C \\ O & B \end{bmatrix}, \quad M_2 = \begin{bmatrix} C & A \\ B & O \end{bmatrix}, \quad M_3 = \begin{bmatrix} O & A \\ B & C \end{bmatrix}.$$

分别写出 M_1, M_2, M_3 可逆的充要条件, 并加以证明. 且在可逆时求出其逆.

3.4 矩阵的初等变换和初等矩阵

1. 下列矩阵中, 不是初等矩阵的是（   ）, 并说明理由.

A. $\begin{bmatrix} 0 & 0 & 1 \\ 0 & 1 & 0 \\ 1 & 0 & 0 \end{bmatrix}$.   B. $\begin{bmatrix} 0 & 1 & 0 \\ 1 & 0 & 0 \\ 0 & 0 & 1 \end{bmatrix}$.   C. $\begin{bmatrix} 3 & 0 & 0 \\ 0 & 1 & 0 \\ 0 & 0 & 0 \end{bmatrix}$.   D. $\begin{bmatrix} 1 & 0 & 0 \\ -2 & 1 & 0 \\ 0 & 0 & 1 \end{bmatrix}$.

2. 求下列可逆矩阵的逆矩阵：

(1) $\begin{bmatrix} 2 & 2 & 3 \\ 1 & -1 & 0 \\ -1 & 2 & 1 \end{bmatrix}$;

(2) $\begin{bmatrix} 1 & 1 & 1 & 1 \\ 1 & 1 & -1 & -1 \\ 1 & -1 & 1 & -1 \\ 1 & -1 & -1 & 1 \end{bmatrix}$;

(3) $\begin{bmatrix} 2 & 1 & 0 & 0 & 0 \\ 0 & 2 & 1 & 0 & 0 \\ 0 & 0 & 2 & 1 & 0 \\ 0 & 0 & 0 & 2 & 1 \\ 0 & 0 & 0 & 0 & 2 \end{bmatrix}$;

(4) $\begin{bmatrix} 1 & a & a^2 & a^3 & \cdots & a^n \\ 0 & 1 & a & a^2 & \cdots & a^{n-1} \\ 0 & 0 & 1 & a & \cdots & a^{n-2} \\ \vdots & \vdots & \vdots & \vdots & & \vdots \\ 0 & 0 & 0 & 0 & \cdots & 1 \end{bmatrix}_{n \times n}$;

(5) *$\begin{bmatrix} 0 & 1 & 1 & \cdots & 1 \\ 1 & 0 & 1 & \cdots & 1 \\ 1 & 1 & 0 & \cdots & 1 \\ \vdots & \vdots & \vdots & & \vdots \\ 1 & 1 & 1 & \cdots & 0 \end{bmatrix}_{n \times n}$ $(n > 1)$.

3. 解下列矩阵方程：

(1) $\begin{bmatrix} 1 & -1 & 1 \\ 1 & 1 & 0 \\ 2 & 1 & 1 \end{bmatrix} X = \begin{bmatrix} 1 & 2 & 0 \\ 2 & 0 & 1 \\ 0 & -1 & 1 \end{bmatrix}$;

（2） $\begin{bmatrix} 1 & 3 & 1 \\ 2 & 2 & 1 \\ 3 & 4 & 2 \end{bmatrix} X \begin{bmatrix} 0 & 2 & -1 \\ 1 & 1 & -1 \\ -2 & -5 & 4 \end{bmatrix} = \begin{bmatrix} 4 & 3 & -3 \\ 2 & 3 & -2 \\ 4 & 4 & -3 \end{bmatrix}$；

（3）*$AX=B$，其中

$$A = \begin{bmatrix} 1 & 1 & 1 & \cdots & 1 & 1 \\ 0 & 1 & 1 & \cdots & 1 & 1 \\ 0 & 0 & 1 & \cdots & 1 & 1 \\ \vdots & \vdots & \vdots & & \vdots & \vdots \\ 0 & 0 & 0 & \cdots & 0 & 1 \end{bmatrix}_{n \times n}, \quad B = \begin{bmatrix} 2 & 1 & 0 & \cdots & 0 & 0 \\ 1 & 2 & 1 & \cdots & 0 & 0 \\ 0 & 1 & 2 & \cdots & 0 & 0 \\ \vdots & \vdots & \vdots & & \vdots & \vdots \\ 0 & 0 & 0 & \cdots & 1 & 2 \end{bmatrix}_{n \times n}$$ 求X.

4．若可逆矩阵A作下列变化，则A^{-1}相应地有怎样的变化？
（1）A中i行与j行互换；
（2）A中i行乘上非零数k；
（3）$i < j$时，A中第j行乘上数k加到第i行.

5．设
$$A = \begin{bmatrix} a_{11} & a_{12} & a_{13} \\ a_{21} & a_{22} & a_{23} \\ a_{31} & a_{32} & a_{33} \end{bmatrix}, \quad B = \begin{bmatrix} a_{11}+ka_{31} & a_{13}+ka_{33} & a_{12}+ka_{32} \\ a_{21} & a_{23} & a_{22} \\ a_{31} & a_{33} & a_{32} \end{bmatrix},$$

$$P_1 = \begin{bmatrix} 1 & 0 & k \\ 0 & 1 & 0 \\ 0 & 0 & 1 \end{bmatrix}, \quad P_2 = \begin{bmatrix} 1 & 0 & 0 \\ 0 & 1 & 0 \\ k & 0 & 1 \end{bmatrix}, \quad P_3 = \begin{bmatrix} 1 & 0 & 0 \\ 0 & 0 & 1 \\ 0 & 1 & 0 \end{bmatrix}, \quad P_4 = \begin{bmatrix} 0 & 1 & 0 \\ 0 & 0 & 1 \\ 1 & 0 & 0 \end{bmatrix},$$

则下列等式成立的是（　　），并说明理由.

  A. $P_1AP_2 = B$.   B. $P_1AP_3 = B$.   C. $P_2AP_3 = B$.   D. $P_2AP_4 = B$.

3.5 矩阵的等价和等价标准形

1. 设

$$A = \begin{bmatrix} 1 & 0 & 0 \\ 0 & 2 & 0 \\ 0 & 0 & 0 \end{bmatrix}, \quad B = \begin{bmatrix} 1 & 2 & 0 \\ 3 & 6 & 0 \\ 0 & 0 & 0 \end{bmatrix}, \quad C = \begin{bmatrix} 0 & 0 & 2 \\ 0 & 0 & 0 \\ -5 & 0 & 0 \end{bmatrix}, \quad D = \begin{bmatrix} 1 & 0 & 0 \\ 0 & 2 & 0 \\ 0 & 0 & 0 \\ 0 & 0 & 0 \end{bmatrix},$$

则在 B，C，D 中与 A 等价的矩阵为_____，并说明理由.

2. 下述命题正确的是（　　），并说明理由.

  A. 若 A 与 B 等价，则 $A=B$.

  B. 若方阵 A 与方阵 B 等价，则 $|A|=|B|$.

  C. 若 A 与可逆矩阵 B 等价，则 A 也是可逆矩阵.

  D. A，B，C，D 均为 n 阶方阵. 若 A 与 B 等价，C 与 D 等价，则 $A+C$ 与 $B+D$ 等价.

3. 已知 $\begin{bmatrix} -1 & 2 & 0 \\ 2 & -4 & 0 \\ 0 & 0 & 3 \end{bmatrix}$ 与 $\begin{bmatrix} 1 & 2 & 3 \\ 2 & 5 & 8 \\ 2 & a & 6 \end{bmatrix}$ 等价，则 $a=$ ___，为什么？

4. 证明：秩为 r 的矩阵可表示为 r 个秩为 1 的矩阵之和．它的逆命题 "r 个秩为 1 的矩阵之和的秩为 r" 是否成立？若成立请证明，否则举反例．

5. 若将所有 n 阶方阵按等价分类，可分成几个等价类？每一类的标准形是什么？

6. 设 A 是 n（$n>1$）阶方阵，$A \neq O$，则存在一个非零矩阵 $B_{n \times t}$，使得 $AB=O$ 的充要条件为 $|A|=0$．

8. 设 A 是 $m \times n$ 矩阵，B 是 $n \times m$ 矩阵，若 $m > n$，则必有 $|AB| = 0$.

9. 设 $A = \begin{bmatrix} 2 & -2 & 7 \\ 0 & 3 & -6 \\ 0 & 0 & 0 \end{bmatrix}$，$B$ 是秩为 1 的 3×5 矩阵，问矩阵 $(A-E)B$ 的秩为多少？

10. 设 A 为 5×3 矩阵：
(1) 秩（AA^T）必_____. $|AA^T| = $ _____.
(2) 齐次线性方程组（AA^T）$X = O$ 为（　　）.
  A．无解
  B．有唯一解
  C．有无穷多解
  D．解不确定，可能有解，可能无解

第 4 章 向量同步练习

4.1 定义及其背景

1. 设 $\alpha = [1, -1, 0, 5]^T$，$\beta = [2, 0, 7, -3]^T$
   （1）计算 $3\alpha + 2\beta$ 及 $2\alpha - 3\beta$；
   （2）若 $5\alpha + \gamma = 2\beta$，则 $\gamma = $ _____；
   （3）若 $3\alpha - 2\beta + \gamma = O$，则 $\gamma = $ _____；

2. 设 $3\alpha + 4\beta = [2, 1, 1, 2]^T$，$2\alpha + 3\beta = [-1, 2, 3, 1]^T$，则 $\alpha = $ _____；$\beta = $ _____．

3. 设 $\varepsilon_1 = [1, 0, 0, \cdots, 0]^T$，$\varepsilon_2 = [0, 1, 0, \cdots, 0]^T$，……，
   $\varepsilon_{n-1} = [0, 0, \cdots, 1, 0]^T$，$\varepsilon_n = [0, 0, \cdots, 0, 1]^T$，
   求 $a_1\varepsilon_1 + a_2\varepsilon_2 + \cdots + a_{n-1}\varepsilon_{n-1} + a_n\varepsilon_n$．

4. 对任意的 n 元向量 α, β，数域 P 中任意的数 k，证明：
(1) $k(\alpha - \beta) = k\alpha - k\beta$；(2) $(k-t)\alpha = k\alpha - t\alpha$.

4.2 向量的线性关系

1. 指出下述论断正确的是（　　），并说明理由.
   A. 如果当 $k_1 = k_2 = \cdots = k_r = 0$ 时，$k_1\alpha_1 + k_2\alpha_2 + \cdots + k_r\alpha_r = \boldsymbol{O}$，则 $\alpha_1, \alpha_2, \cdots, \alpha_r$ 线性无关.
   B. 若 $\alpha_1, \alpha_2, \cdots, \alpha_r$ 线性相关，则存在全不为零的数 $k_1, k_2, \cdots, k_r$，使得 $k_1\alpha_1 + k_2\alpha_2 + \cdots + k_r\alpha_r = \boldsymbol{O}$.
   C. 若 $\alpha_1, \alpha_2, \cdots, \alpha_r$ 线性无关，$\beta_1, \beta_2, \cdots, \beta_s$ 线性无关，则 $\alpha_1, \alpha_2, \cdots, \alpha_r, \beta_1, \beta_2, \cdots, \beta_s$ 线性无关.
   D. 若 $\alpha_1, \alpha_2, \cdots, \alpha_r$ 线性无关，则其中每一个向量都不是其余向量的线性组合.

2. 试将向量 β 表示成向量 $\alpha_1, \alpha_2, \alpha_3, \alpha_4$ 的线性组合：
   (1) $\beta = [1, 2, 1, 1]^T$，$\alpha_1 = [1, 1, 1, 1]^T$，$\alpha_2 = [1, 1, -1, -1]^T$，$\alpha_3 = [1, -1, 1, -1]^T$，$\alpha_4 = [1, -1, -1, 1]^T$；

（2）$\beta = [0, 2, 0, -1]^T$，$\alpha_1 = [1, 1, 1, 1]^T$，$\alpha_2 = [1, 1, 1, 0]^T$，
$\alpha_3 = [1, 1, 0, 0]^T$，$\alpha_4 = [1, 0, 0, 0]^T$.

3. 设 $\beta = [7, -2, a]^T$，$\alpha_1 = [2, 3, 5]^T$，$\alpha_2 = [3, 7, 8]^T$，$\alpha_3 = [1, -6, 1]^T$.

问 $a = $ _____ 时，β 可经 $\alpha_1, \alpha_2, \alpha_3$ 线性表示？为什么？a 取值为 _____ 时，β 不能经 $\alpha_1, \alpha_2, \alpha_3$ 线性表示？为什么？

4. 指出下列向量组线性关系，并说明理由.
（1）$\alpha_1 = [2, 2, 7, -1]^T$，$\alpha_2 = [3, -1, 2, 4]^T$，$\alpha_3 = [1, 1, 3, 1]^T$；

（2）$\alpha_1 = [4, 3, -1, 1, -1]^T$，$\alpha_2 = [2, 1, -3, 2, -5]^T$，
$\alpha_3 = [1, -3, 0, 1, -2]^T$，$\alpha_4 = [1, 5, 2, -2, 6]^T$.

5. 设 $\alpha_1 = [1, 2, 3]^T$，$\alpha_2 = [2, 1, 6]^T$，$\alpha_3 = [3, 4, a]^T$. 问 $a =$ _____ 时 $\alpha_1, \alpha_2, \alpha_3$ 线性相关？a 取值为 _____ 时 $\alpha_1, \alpha_2, \alpha_3$ 线性无关？为什么？

6. 设 $\alpha_1, \alpha_2, \alpha_3$ 是线性无关的向量组，判断下述 $\beta_1, \beta_2, \beta_3$ 是线性相关，还是线性无关：
（1）$\beta_1 = \alpha_1 - \alpha_2$，$\beta_2 = \alpha_2 - \alpha_3$，$\beta_3 = \alpha_3 - \alpha_1$；

（2）$\beta_1 = \alpha_1 + \alpha_2$，$\beta_2 = \alpha_2 + \alpha_3$，$\beta_3 = \alpha_3 - \alpha_1$；

（3）$\beta_1 = \alpha_1 - \alpha_2$，$\beta_2 = \alpha_2 - \alpha_3$，$\beta_3 = \alpha_3 - \alpha_1$.

9. 判断向量组 $\boldsymbol{\alpha}_1 = [1,\ 1,\ 1,\ 1]^T$，$\boldsymbol{\alpha}_2 = [a,\ b,\ c,\ d]^T$，
$\boldsymbol{\alpha}_3 = \left[a^2,\ b^2,\ c^2,\ d^2\right]^T$，$\boldsymbol{\alpha}_4 = \left[a^3,\ b^3,\ c^3,\ d^3\right]^T$．
是线性相关还是线性无关，要求说明理由（其中 a,b,c,d 为互异的数）．

4.3 向量组的极大线性无关组和矩阵的秩

1. 求下列向量组的秩与一个极大线性无关组：
（1）$\boldsymbol{\alpha}_1 = [2,\ 1,\ 3,\ -1]^T$，$\boldsymbol{\alpha}_2 = [3,\ -1,\ 2,\ 0]^T$，
$\boldsymbol{\alpha}_3 = [1,\ 3,\ 4,\ -2]^T$，$\boldsymbol{\alpha}_4 = [4,\ -3,\ 1,\ 1]^T$．

（2）$\boldsymbol{\alpha}_1 = [1,\ 1,\ 1,\ 1]^T$，$\boldsymbol{\alpha}_2 = [1,\ 1,\ -1,\ -1]^T$，
$\boldsymbol{\alpha}_3 = [1,\ -1,\ -1,\ 1]^T$，$\boldsymbol{\alpha}_4 = [-1,\ -1,\ -1,\ 1]^T$．

（3）$\alpha_1 = [1, -1, 2, 4]^T$，$\alpha_2 = [0, 3, 1, 2]^T$，$\alpha_3 = [3, 0, 7, 14]^T$，
$\alpha_4 = [1, -1, 2, 0]^T$，$\alpha_5 = [2, 1, 5, 6]^T$.

2. 计算下列向量组的秩，并判断该向量组是否线性相关.
（1）$\alpha_1 = [1, -1, 2, 3, 4]^T$，$\alpha_2 = [3, -7, 8, 9, 13]^T$，
$\alpha_3 = [-1, -3, 0, -3, -3]^T$，$\alpha_4 = [1, -9, 6, 3, 6]^T$.

（2）$\beta_1 = [1, -3, 2, -1]^T$，$\beta_2 = [-2, 1, 5, 3]^T$，$\beta_3 = [4, -3, 7, 1]^T$，
$\beta_4 = [-1, -11, 8, -3]^T$，$\beta_5 = [2, -12, 30, 6]^T$.

3. 设 $\alpha_1 = [1, 2, -1]^T$，$\alpha_2 = [2, 4, \lambda]^T$，$\alpha_3 = [1, \lambda, 1]^T$.
（1）λ 取何值时 α_1，α_2，α_3 线性相关？λ 取何值时 α_1，α_2，α_3 线性无关？为什么？
（2）λ 取何值时 α_3 能经 α_1，α_2 线性表示？且写出表达式.

4. 下述结论不正确的是（　　），且说明理由．
   A．秩为 4 的 4×5 矩阵的行向量组必线性无关．
   B．可逆矩阵的行向量组和列向量组均线性无关．
   C．秩为 r（$r<n$）的 $m×n$ 矩阵的列向量组必线性相关．
   D．凡行向量组线性无关的矩阵必为可逆矩阵．

4.4 线性方程组解的结构

1. 下述命题正确的是（　　），且说明理由．
   A．凡行向量组线性相关的矩阵，它的列向量组也线性相关．
   B．秩为 $r(r<n)$ 的 n 阶方阵的任意 r 个行向量均线性无关．
   C．若 $m×n$ 矩阵 A 的秩 $r(r<n)$，则非齐次线性方程组 $AX=b$ 必有无穷多个解．
   D．若 $m×n$ 矩阵 A 的秩 $r(r<n)$，则齐次线性方程组 $AX=O$ 必有无穷多个解，且基础解系有 $n-r$ 个线性无关解向量组成．

2. 将下列线性方程组中的齐次线性方程组的通解用基础解系表示，将有解的非齐次线性方程组的通解用其导出组的基础解系来表示．

   (1) $\begin{cases} x_1 - x_2 + x_3 + 2x_4 = 1, \\ -2x_1 + 2x_2 - 3x_3 + 3x_4 = 2, \\ x_1 - x_2 + 2x_3 + 5x_4 = -1, \\ -x_1 + x_2 - 3x_3 + 2x_4 = 4; \end{cases}$

(2) $\begin{cases} x_1 - x_2 + 3x_3 - 4x_4 = 4, \\ x_2 - x_3 + x_4 = -3, \\ x_1 + 3x_2 + x_4 = 1, \\ -7x_2 + 3x_3 + x_4 = -3; \end{cases}$

(3) $\begin{cases} x_1 - 2x_2 + x_3 + x_4 = 1, \\ x_1 - 2x_2 + x_3 - x_4 = -1, \\ x_1 - 2x_2 + x_3 + 5x_4 = 5; \end{cases}$

(4) $\begin{cases} x_1 + x_2 - x_3 - x_4 = 1, \\ 2x_1 + x_2 + x_3 + x_4 = 4, \\ 4x_1 + 3x_2 - x_3 - x_4 = 6, \\ x_1 + 2x_2 - 4x_3 - 4x_4 = -1; \end{cases}$

(5) $\begin{cases} x_1 - 2x_2 + 3x_3 - 4x_4 = 0, \\ x_2 - x_3 + x_4 = 0, \\ x_1 + 3x_2 - 3x_4 = 0, \\ x_1 - 4x_2 + 3x_3 - 2x_4 = 0; \end{cases}$

(6) $\begin{cases} x_1 - x_3 + x_5 = 0, \\ x_2 - x_4 + x_6 = 0, \\ x_1 - x_2 + x_5 - x_6 = 0, \\ x_2 - x_3 + x_6 = 0, \\ x_1 - x_4 + x_5 = 0. \end{cases}$

3. 已知 $\xi_1, \xi_2, \cdots, \xi_t$ 均是非齐次线性方程组 $AX = b$ 的解，$k_1, k_2, \cdots, k_t$ 是一组常数，且 $k_1 + k_2 + \cdots + k_t = 1$，求证：$k_1 \xi_1 + k_2 \xi_2 + \cdots + k_t \xi_t$ 也是 $AX = b$ 的一个解.

4. 设 ξ_1, ξ_2, ξ_3 是齐次线性方程组 $AX = O$ 的一个基础解系，则该方程的基础解系还有 (　　).

A. $\xi_1 + \xi_2,\ \xi_2 + \xi_3,\ \xi_3 + \xi_1$.
B. $\xi_1 + \xi_2,\ \xi_2 + \xi_3,\ \xi_3 - \xi_1$.
C. $\xi_1 - \xi_2,\ \xi_2 - \xi_3,\ \xi_3 - \xi_1$.
D. $\xi_1 + 2\xi_2, 2\xi_2 + 3\xi_3, 3\xi_3 - \xi_1$.

5．设 A 是 n 阶方阵，B 为 $n\times s$ 矩阵，且秩（B）=n，证明：

（1）若 $AB=O$，则 $A=O$；

（2）若 $AB=B$，则 $A=E$.

6．证明：矩阵 $[a_{ij}]_{m\times n}$ 的秩为 1 的充分必要条件为存在 m 个不全为零的数 $a_1, a_2, \cdots, a_m$ 及 n 个不全为零的数 $b_1, b_2, \cdots, b_n$ 使 $a_{ij}=a_i b_j$（$i=1, 2, \cdots, m$；$j=1, 2, \cdots, n$）.

第 5 章　向量空间同步练习

5.1　基和维数

1. 下列向量组中，（　　）是 P^3 的一组基，为什么？
   A. $[1, 1, 0]^T$，$[0, 1, 1]^T$，$[1, 0, 1]^T$；
   B. $[1, -1, 0]^T$，$[0, 1, -1]^T$，$[-1, 0, 1]^T$；
   C. $[1, 1, 0]^T$，$[0, 1, 1]^T$，$[-1, 0, 1]^T$；
   D. $[1, 2, 0]^T$，$[0, 2, 1]^T$，$[-1, 0, 1]^T$.

2. 当 k 取何值时，α_1，α_2，α_3 是 P^3 的一组基（要说明理由），其中 $\alpha_1 = [1, 1, 3]^T$，$\alpha_2 = [2, 1, 6]^T$，$\alpha_3 = [3, 4, k]^T$.

3. 设 α_1，α_2，α_3 是 P^3 的一组基，则（　　）也是 P^3 的一组基，且说明理由.
   A. $\alpha_1 + \alpha_2 + \alpha_3$，$2\alpha_1 + 2\alpha_2 + 2\alpha_3$，$\alpha_1 + 2\alpha_2 + 3\alpha_3$.
   B. $\alpha_1 + \alpha_2 + \alpha_3$，$2\alpha_1 + 2\alpha_2 + \alpha_3$，$\alpha_3$.
   C. $\alpha_1 + \alpha_2 + \alpha_3$，$\alpha_1 + \alpha_2$，$\alpha_1$.
   D. $\alpha_1 + \alpha_2 + \alpha_3$，$\alpha_1 + \alpha_2$，$\alpha_3$.

4. 设 $\alpha_1, \alpha_2, \alpha_3, \alpha_4$ 是 P^4 的一组基，若 $\beta_1 = \alpha_1 + 2\alpha_2 - \alpha_3 - \alpha_4$，$\beta_2 = \alpha_1 + 3\alpha_2 - 2\alpha_3 - \alpha_4$，$\beta_3 = \alpha_1 + 4\alpha_2 - 3\alpha_3 + k\alpha_4$

则当 k 取何值时 $\beta_1, \beta_2, \beta_3$ 线性无关；k 取何值时 $\beta_1, \beta_2, \beta_3$ 线性相关，均需说明理由.

5. 证明：向量组 $\alpha_1 = [1, 2, -1, -2]^T$，$\alpha_2 = [2, 3, 0, 1]^T$，$\alpha_3 = [1, 3, -1, 1]^T$，$\alpha_4 = [1, 2, 1, 3]^T$

是 P^4 中的一组基，并求向量 $\alpha = [7, 14, -1, -2]^T$ 在该基下的坐标.

6. 在向量空间 P^3 中，取两组基

（Ⅰ）：$\alpha_1 = [1, 0, 1]^T$，$\alpha_2 = [1, 1, 0]^T$，$\alpha_3 = [0, 1, 1]^T$；

（Ⅱ）：$\alpha_1' = [1, 0, 3]^T$，$\alpha_2' = [2, 2, 2]^T$，$\alpha_3' = [-1, 1, 4]^T$

(1) 求基（Ⅰ）到基（Ⅱ）的过渡矩阵.

(2) 设 α 在基（Ⅰ）下坐标为 $[1, 1, 3]^T$，求 α 在（Ⅱ）下的坐标.

7. 设 $\alpha_1, \alpha_2, \cdots, \alpha_n$ 为向量空间 P^n 的一组基，求这个基到基 $\alpha_2, \cdots, \alpha_n, \alpha_1$ 的过渡矩阵.

8．在向量空间 P^4 中，取 $\alpha_1 = [2, 1, -1, 1]^T$，$\alpha_2 = [0, 3, 1, 0]^T$，$\alpha_3 = [5, 3, 2, 1]^T$，$\alpha_4 = [6, 6, 1, 3]^T$．

证明：α_1，α_2，α_3，α_4 可作为 P^4 的一组基，且在 P^4 中求一个非零向量 α，使它在基 α_1，α_2，α_3，α_4 下的坐标与在常用基下的坐标相同．

5.2 子空间

1. 下述 $\mathbf{R}^3$ 的非空子集为 $\mathbf{R}^3$ 的子空间的是（   ），并说明理由．

   A. $W_1 = \left\{ [x, y, 1]^T \mid x, y \in \mathbf{R} \right\}$．

   B. $W_2 = \left\{ [x, y, 0]^T \mid x, y \in \mathbf{R} \right\}$．

   C. $W_3 = \left\{ [x, y, x^2]^T \mid x, y \in \mathbf{R} \right\}$．

   D. $W_3 = \left\{ [x, 1, 0]^T \mid x \in \mathbf{R} \right\}$．

2. 设 A 是数域 P 上 $m \times n$ 矩阵，问非齐次线性方程组 $AX = b$ 的解向量的全体是否是 P^n 的子空间？为什么？

3. 求下列齐次线性方程组的解空间的维数和一组基：

(1) $\begin{cases} x_1 + x_2 + 2x_3 + 4x_4 = 0, \\ 3x_1 + x_2 + 6x_3 + 2x_4 = 0, \\ -x_1 + x_2 - 2x_3 + x_4 = 0. \end{cases}$

(2) $\begin{cases} x_1 - 2x_2 + x_3 + x_4 - x_5 = 0, \\ 2x_1 + x_2 - x_3 - x_4 + x_5 = 0, \\ x_1 + 7x_2 - 5x_3 - 5x_4 + 5x_5 = 0, \\ 3x_1 - x_2 - 2x_3 + x_4 - x_5 = 0. \end{cases}$

(3) $\begin{cases} x_1 + x_2 + x_3 + x_4 = 0, \\ 3x_1 + 2x_2 + x_3 + x_4 = 0, \\ x_2 + 2x_3 + 2x_4 = 0, \\ 5x_1 + 4x_2 + 3x_3 + 3x_4 = 0. \end{cases}$

4. 设 A 为 $m \times n$ 矩阵，若任意一个 n 元向量 α 都是齐次线性方程组 $AX=O$ 的解，则 $A = O_{m \times n}$．

5.3 R^n 的内积和标准正交基

1. 在欧氏空间 R^4 中，设 $\alpha = [1, 2, 3, 4]^T$，$\beta = [-1, 1, -2, -6]^T$．求 (α, β)；$(3\alpha + 2\beta, 3\alpha - 2\beta)$；$\|\alpha\|$；$\|\alpha + \beta\|$ 及 $\|\alpha - \beta\|$．

2. 在欧氏空间 R^4 中，取 $\alpha = [1, -2, 1, -1]^T$，$\beta = [-1, 3, k, 2]^T$，则 $k =$ ＿＿＿时 α, β 正交，为什么？

3. 在欧氏空间 R^n 中，若 β 与 $\alpha_1, \alpha_2, \cdots, \alpha_m$ 均正交，则 β 与 $\alpha_1, \alpha_2, \cdots, \alpha_m$ 的任一线性组合 $\sum_{i=1}^{m} k_i \alpha_i$ 都正交.

4. 在欧氏空间 R^4 中，求一单位向量 α，使其与
$\alpha_1 = [1, 1, -1, 1]^T$，$\alpha_2 = [1, -1, -1, 1]^T$，$\alpha_3 = [2, 1, 1, 3]^T$ 都正交.

5. 已知欧氏空间 R^4 中向量
$\alpha_1 = \frac{1}{\sqrt{2}}[1, 1, 0, 0]^T$，$\alpha_2 = \frac{1}{\sqrt{2}}[0, 0, 1, 1]^T$，$\alpha_3 = \frac{1}{\sqrt{2}}[1, -1, -1, 1]^T$，
$\alpha_4 = \frac{1}{\sqrt{2}}[1, -1, -1, 1]^T$，$\beta = [1, 1, 1, 1]^T$
（1）α_1，α_2，α_3，α_4 是否是 R^4 的一组标准正交基；
（2）若 $\alpha = \alpha_1 + 2\alpha_2 + 3\alpha_3 + 4\alpha_4$，求：$\|\alpha\|$，$(\alpha, \beta)$.

6. 已知 $\boldsymbol{\alpha}_1 = [1, 2, 1]^T$，$\boldsymbol{\alpha}_2 = [2, 3, 3]^T$，$\boldsymbol{\alpha}_3 = [3, 7, 1]^T$ 是欧氏空间 R^3 的一组基，将它改造成为 R^3 的一组标准正交基.

7. 已知 $\boldsymbol{\alpha}_1 = [1, 1, 0, 0]^T$，$\boldsymbol{\alpha}_2 = [1, 0, 1, 0]^T$，$\boldsymbol{\alpha}_3 = [-1, 0, 0, 1]^T$ 是线性无关向量组，求与此向量组等价的两两正交的单位向量组.

第6章 矩阵的相似特征值和特征向量同步练习

6.1 矩阵的相似和对角化

1. 设 A,B 均为 n 阶方阵，则下述命题正确的是（　　），且说明理由.
   A. 若 A 与 B 等价，则 A 与 B 必相似.
   B. 若 A 与 B 相似，则 A 与 B 必等价.

2. 已知 ξ_1,ξ_2 是线性方程组 $AX=O$ 的一个基础解系，求 A 的一个特征值和特征向量.

3. 设 A,B 均为 n 阶方阵，试证：若 A 可逆，则 AB 与 BA 相似.

4. 设 A 与 B 相似，C 与 D 相似，试证：
$\begin{bmatrix} A & O \\ O & C \end{bmatrix}$ 与 $\begin{bmatrix} B & O \\ O & D \end{bmatrix}$ 相似.

5. 设 $A = \xi\eta^T$，其中 $\xi = [x_1, x_2, \cdots, x_n]^T \neq O$，$\eta = [y_1, y_2, \cdots, y_n]^T \neq O$. 求证：$\xi$ 是 A 的特征向量，并指出其对应的特征值.

6.2 特征值和特征向量

1. 若方阵 A 有一个特征值为 -1，则 $|A+E| =$ _____，且说明理由.

2. 命题："若 $\dfrac{1}{2}$ 不是方阵 A 的特征值，则 $E-2A$ 为可逆矩阵"对不对？为什么？

3. 求出下列矩阵的全部特征值和特征向量.

(1) $\begin{bmatrix} 1 & 0 & 0 \\ -2 & 5 & -2 \\ -2 & 4 & -1 \end{bmatrix}$;

(4) $\begin{bmatrix} -1 & 3 & -1 \\ -3 & 5 & -1 \\ -3 & 3 & 1 \end{bmatrix}$;

(2) $\begin{bmatrix} 4 & -5 & 2 \\ 5 & -7 & 3 \\ 6 & -9 & 4 \end{bmatrix}$;

(5) $\begin{bmatrix} 5 & 3 & 1 & 1 \\ -3 & -1 & 1 & -1 \\ 0 & 0 & 1 & 0 \\ 0 & 0 & 2 & 2 \end{bmatrix}$;

(3) $\begin{bmatrix} 1 & -3 & 4 \\ 4 & -7 & 8 \\ 6 & -7 & 7 \end{bmatrix}$;

(6) $\begin{bmatrix} 0 & 0 & 0 & 1 \\ 0 & 0 & 1 & 0 \\ 0 & 1 & 0 & 0 \\ 1 & 0 & 0 & 0 \end{bmatrix}$.

4. 判断上题中哪些矩阵可以对角化,对那些可对角化的矩阵 A,写出可逆矩阵 P 使 $P^{-1}AP$ 为对角矩阵,并写出该对角矩阵.

5. 设 3 阶方阵 A 有特征值 -1，1，2，它们所对应的特征向量分别为 ξ_1, ξ_2, ξ_3，令 $P=[\xi_1\ \xi_2\ \xi_3]$，则 $P^{-1}AP$ 为（　　），且说明理由.

A. $\begin{bmatrix} -1 & 0 & 0 \\ 0 & 1 & 0 \\ 0 & 0 & 2 \end{bmatrix}$.　B. $\begin{bmatrix} 1 & 0 & 0 \\ 0 & 2 & 0 \\ 0 & 0 & -1 \end{bmatrix}$.　C. $\begin{bmatrix} 1 & 0 & 0 \\ 0 & -1 & 0 \\ 0 & 0 & 2 \end{bmatrix}$.　D. $\begin{bmatrix} 2 & 0 & 0 \\ 0 & -1 & 0 \\ 0 & 0 & 1 \end{bmatrix}$.

6. 设上三角矩阵

$$A = \begin{bmatrix} a_{11} & a_{12} & \cdots & a_{1n} \\ 0 & a_{22} & \cdots & a_{2n} \\ \vdots & \vdots & & \vdots \\ 0 & 0 & \cdots & a_{nn} \end{bmatrix}$$

它的主对角线上元素互异，证明：A 能与对角矩阵相似.

7. 设 A 为 n 阶方阵，证明：A 与 A^T 有相同的特征多项式.

8. 设 ξ_1, ξ_2 分别是方阵 A 的属于 λ_1, λ_2 的特征向量，若 $\lambda_1 \neq \lambda_2$，证明：$\xi_1 + \xi_2$ 不可能是 A 的特征向量.

6.3 矩阵相似的理论和应用

1. 设矩阵 $A=\begin{bmatrix} 2 & 0 & 0 \\ 0 & 0 & 1 \\ 0 & 1 & x \end{bmatrix}$ 与矩阵 $B=\begin{bmatrix} 2 & 0 & 0 \\ 0 & y & 1 \\ 0 & 0 & -1 \end{bmatrix}$ 相似. 求 x, y.

2. 设

$$A=\begin{bmatrix} 1 & 1 & 1 & 1 \\ 1 & 1 & 1 & 1 \\ 1 & 1 & 1 & 1 \\ 1 & 1 & 1 & 1 \end{bmatrix},\ B=\begin{bmatrix} 1 & 0 & 0 & 0 \\ 0 & 0 & 0 & 0 \\ 0 & 0 & 0 & 0 \\ 0 & 0 & 0 & 0 \end{bmatrix}$$

则下述结论正确的是（　　），且说明理由.

  A. A 与 B 等价，且 A 与 B 相似.

  B. A 与 B 等价，但 A 与 B 不相似.

  C. A 与 B 不等价，且 A 与 B 不相似.

  D. A 与 B 不等价，但 A 与 B 相似.

3. 已知 3 阶矩阵 A 的特征值为 $-1, 1, 2$，求：

（1）矩阵 A^2+A-2E 的特征值；

（2）$|A^2+A-2E|$.

4. 设 3 阶方阵 A 的行列式 $|A|=-2$,A^* 有一个特征值为 6,则 A^{-1} 必有一个特征值为 _____;A 必有一个特征值为 _____;$5A^{-1}-3A^*$ 必有一个特征值为 _____;$A(E+A)$ 必有一个特征值为 _____;$5A^{-1}-3A$ 必有一个特征值为 _____.

以上各项均要求写出计算过程.

5. 设 $A=\begin{bmatrix} 1 & -2 & 2 \\ -2 & -2 & 4 \\ 2 & 4 & -2 \end{bmatrix}$.

(1) 计算 $A^k(k>1)$;(2) 求 $A^3+3A^2-24A+28E$.

6. 设 n 阶方阵 A 的 n 个特征值为 $1,2,\cdots,n$,求 $|A+E|$.

7. 已知 3 阶方阵 A 的特征值为 0，1，2，所对应的特征向量分别为
$$[1, 1, 1]^T, \quad [1, 1, 0]^T, \quad [1, 0, 0]^T$$
求（1）A^k，其中 k 为任意正整数；（2）$|A^3 + A^2 - 4A + 2E|$；（3）$A^3 + A^2 - 4A + 2E$.

8. 设 A 为 n 阶方阵，证明：$|A| = 0 \Leftrightarrow 0$ 是 A 的一个特征值.

9. 设 n（$n>1$）阶上三角矩阵 $A = \begin{bmatrix} a & a_{12} & a_{13} & \cdots & a_{1n} \\ 0 & a & a_{23} & \cdots & a_{2n} \\ 0 & 0 & a & \cdots & a_{3n} \\ \vdots & \vdots & \vdots & & \vdots \\ 0 & 0 & 0 & \cdots & a \end{bmatrix}$. 若 $A \neq aE$，则 A 不能与对角矩阵相似.

10*. 设 n 阶方阵 A 满足 $A^2+4A+4E=O$，证明：A 的特征值仅为 -2.

6.4 实对称矩阵的对角化

1. 实对称矩阵是矩阵能对角化的充分条件，还是必要条件？为什么？

2. 求可逆矩阵 P 使 $P^{-1}AP$ 为对角阵，且写出这对角阵：

（1） $A=\begin{bmatrix} 5 & -1 & 3 \\ -1 & 5 & -3 \\ 3 & -3 & 3 \end{bmatrix}$；

（2） $A=\begin{bmatrix} 3 & 1 & 0 & -1 \\ 1 & 3 & -1 & 0 \\ 0 & -1 & 3 & 1 \\ -1 & 0 & 1 & 3 \end{bmatrix}$；

（3）$A = \begin{bmatrix} 2 & -1 & -1 & 1 \\ -1 & 2 & 1 & -1 \\ -1 & 1 & 2 & -1 \\ 1 & -1 & -1 & 2 \end{bmatrix}$.

3. 求正交矩阵 U 使 $U^{-1}AU$ 为对角阵，且写出这对角阵.

（1）$A = \begin{bmatrix} 5 & -1 & 3 \\ -1 & 5 & -3 \\ 3 & -3 & 3 \end{bmatrix}$；

（2）$A = \begin{bmatrix} 3 & 1 & 0 & -1 \\ 1 & 3 & -1 & 0 \\ 0 & -1 & 3 & 1 \\ -1 & 0 & 1 & 3 \end{bmatrix}$；

（3）$A = \begin{bmatrix} 2 & -1 & -1 & 1 \\ -1 & 2 & 1 & -1 \\ -1 & 1 & 2 & -1 \\ 1 & -1 & -1 & 2 \end{bmatrix}$.

4. 设 A，B 均为 n 阶实对称矩阵，证明：A 与 B 相似 $\Leftrightarrow A$，B 有相同的特征多项式.

5. 已知 1，1，-1 是 3 阶实对称矩阵 A 的 3 个特征值，向量 $\xi_1 = [1, 1, 1]^T$，$\xi_2 = [2, 2, 1]^T$ 是 A 的属于 $\lambda_1 = \lambda_2 = 1$ 的特征向量.

（1）求 A 的属于特征值 -1 的特征向量；

（2）求出矩阵 A.

第7章 二次型

7.1 配方法化二次型为标准形

1. 用配方法化下列二次型为标准形，并写出非退化的线性替换：

（1） $f(x_1,x_2,x_3) = x_1^2 + 2x_1x_2 + 2x_2^2 + 4x_2x_3 + 5x_3^2$；

（2） $f(x_1,x_2,x_3) = x_1^2 + 2x_1x_2 - 2x_1x_3 + 2x_2^2$；

（3） $f(x_1,x_2,x_3) = 2x_1^2 - 4x_1x_2 + x_2^2 - 4x_2x_3$；

（4） $f(x_1,x_2,x_3) = x_1x_2 + x_2x_3 + x_1x_3$.

2. 用配方法化二次型为标准形时，应如何配方才能保证使用的是非退化的线性替换？下述两小题中所用的配方合适吗？正确的配方应如何做？

（1） $f(x_1,x_2,x_3) = 4x_1^2 - 4x_1x_2 + 6x_2^2 = 2x_1^2 + 2(x_1-x_2)^2 + 4x_2^2 = 2y_1^2 + 2y_2^2 + 4y_3^2$，

其中线性替换为 $\begin{cases} y_1 = x_1, \\ y_2 = x_1 - x_2, \\ y_3 = x_2. \end{cases}$

（2） $f(x_1,x_2,x_3) = 2x_1^2 + 2x_1x_2 + 2x_1x_3 + 2x_2^2 - 2x_2x_3 + 2x_3^2 = (x_1-x_2)^2 + (x_2-x_3)^2 + (x_3+x_1)^2$

$= y_1^2 + y_2^2 + y_3^2$，其中线性替换为 $\begin{cases} y_1 = x_1 + x_2, \\ y_2 = x_2 - x_3, \\ y_3 = x_3 + x_1. \end{cases}$

7.2 矩阵理论化二次型为标准形

1. 二次型 $f(x_1,x_2,x_3) = 2x_1^2 + x_1x_2 - 2x_1x_3 + 3x_2^2 + 4x_2x_3$ 的矩阵为（　　）.

   A. $\begin{bmatrix} 2 & 1 & -2 \\ 0 & 3 & 4 \\ 0 & 0 & 0 \end{bmatrix}$.

   B. $\begin{bmatrix} 2 & \frac{3}{2} & -1 \\ \frac{1}{2} & 3 & 2 \\ -1 & 2 & 1 \end{bmatrix}$.

   C. $\begin{bmatrix} 2 & \frac{1}{2} & -1 \\ \frac{1}{2} & 3 & 2 \\ -1 & 2 & 0 \end{bmatrix}$.

   D. $\begin{bmatrix} 2 & 1 & -1 \\ 0 & 3 & 2 \\ -1 & 2 & 0 \end{bmatrix}$.

2. 写出下列二次型的矩阵表示和二次型的矩阵：

（1） $f(x_1,x_2,x_3) = x_1^2 + x_1x_2 - 2x_1x_3 + 2x_2^2 + 3x_2x_3 - 3x_3^2$；

（2） $f(x_1,x_2,x_3) = x_1^2 + \sqrt{2}x_1x_2 + 4x_1x_3 - 5x_2^2$；

（3） $f(x_1,x_2,x_3) = (a_1x_1 + a_2x_2 + a_3x_3)^2$；

（4） $f(x_1,x_2,\cdots,x_n) = x_1x_2 + x_2x_3 + \cdots + x_{n-1}x_n = \sum_{i=1}^{n-1} x_i x_{i-1}$.

3．设二次型 $f(x_1,x_2,x_3)$ 的矩阵 $A = \begin{bmatrix} 0 & 0 & 1 \\ 0 & 1 & 0 \\ 1 & 0 & 0 \end{bmatrix}$，则 $f(x_1,x_2,x_3) =$ _____．

4．用正交线性替换化下列实二次型为标准形，并写出正交线性替换：
（1） $f(x_1,x_2,x_3) = 2x_1^2 + 3x_2^2 + 4x_2x_3 + 3x_3^2$；

（2） $f(x_1,x_2,x_3) = x_1^2 - 4x_1x_2 + 4x_1x_3 - 2x_2^2 + 8x_2x_3 - 2x_3^2$；

（3） $f(x_1,x_2,x_3,x_4) = 2x_1x_2 - 2x_3x_4$；

（4） $f(x_1,x_2,x_3,x_4) = 2x_1x_2 + 2x_1x_3 - 2x_1x_4 - 2x_2x_3 + 2x_2x_4 + 2x_3x_4$.

5．先用配方法化二次型 $f(x_1,x_2,x_3) = 2x_1^2 - 4x_1x_2 + x_2^2 - 4x_2x_3$ 为标准形．再用正交线性替换化该二次型为标准形，并写出正交线性替换．请对比一下两种方法所得的标准形是否相同．

6.（1）设 A 是一个 n 阶对称矩阵，若对任意的 $X = [x_1, x_2, \cdots, x_n]^T$，有 $X^T A X = O$，求证：$A = O$.

（2）利用（1）证明若存在两个对称矩阵 A, B 使得
$f(x_1, x_2, x_3) = X^T A X$，$f(x_1, x_2, x_3) = X^T B X$，则得到 $A = B$.

7. 证明合同矩阵保持秩保持对称性.

7.3 二次型的规范形

1. 求出下列二次型的秩和正惯性指数.
（1）$f(x_1, x_2, x_3) = x_1^2 + 2x_1 x_2 + 2x_2^2 + 4x_2 x_3 + 5x_3^2$；

（2）$f(x_1,x_2,x_3) = x_1^2 + 2x_1x_2 - 2x_1x_3 + 2x_2^2$；

（3）$f(x_1,x_2,x_3) = 2x_1^2 - 4x_1x_2 + x_2^2 - 4x_2x_3$；

（4）$f(x_1,x_2,x_3) = x_1x_2 + x_2x_3 + x_1x_3$.

2．设 $f(x_1,x_2,x_3) = 2x_1^2 + 8x_1x_2 - 12x_1x_3 + 2x_2^2 - 12x_2x_3 - 15x_3^2$
（1）用配方法将该二次型化为标准形，求出其秩和正惯性指数．
（2）用正交线性替换将该二次型化为标准形，求出其秩的正惯性指数．
（3）比较两种方法所得标准形是否相同？
（4）若要求该二次型的秩和正惯性指数，用哪种方法简便．

3. 任何一个 n 阶对称的可逆实矩阵必定与 n 阶单位矩阵_____，且说明理由.
   A. 合同
   B. 相似
   C. 等价
   D. 以上都不对

4. 设 A，B 均为 n 阶实对称矩阵. 则 A，B 合同的充要条件是（   ），且说明理由.
   A. A，B 均为可逆矩阵
   B. A，B 有相同的秩
   C. A，B 有相同的正惯性指数，相同的负惯性指数
   D. A，B 有相同的特征多项式

5. 设 $A=\begin{bmatrix} 1 & 2 & 0 \\ 2 & 2 & 0 \\ 0 & 0 & -1 \end{bmatrix}$，则下列矩阵中与 A 合同的是（   ），且说明理由.

   A. $\begin{bmatrix} 1 & & \\ & 1 & \\ & & 1 \end{bmatrix}$
   B. $\begin{bmatrix} 1 & & \\ & 1 & \\ & & -1 \end{bmatrix}$
   C. $\begin{bmatrix} 1 & & \\ & -1 & \\ & & -1 \end{bmatrix}$
   D. $\begin{bmatrix} -1 & & \\ & -1 & \\ & & -1 \end{bmatrix}$

6. 如果把 n 阶实对称矩阵按合同分类，即两个 n 阶实对称矩阵属于同一类当且仅当它们在实数域上合同，问共有几类？每一类中最简单的矩阵是什么？

7. 设 $A=\begin{bmatrix} a_1 & & \\ & a_2 & \\ & & a_3 \end{bmatrix}, B=\begin{bmatrix} a_3 & & \\ & a_2 & \\ & & a_1 \end{bmatrix}$，则取 $C=$ _____，就有 $C^{\mathrm{T}}AC=B$. 从而 A 与 B 合同.

8. 证明：矩阵 $\mathrm{diag}[\lambda_1, \lambda_2, \cdots, \lambda_n]$ 与 $\mathrm{diag}[\lambda_{i_1}, \lambda_{i_2}, \cdots, \lambda_{i_n}]$ 合同，其中 $i_1, i_2, \cdots, i_n$ 是 $1, 2, \cdots, n$ 的一个排列.

7.4 正定二次型

1. 下列矩阵中，正定矩阵是（　　），且说明理由.

A. $\begin{bmatrix} 1 & 2 & 1 \\ 2 & 5 & 3 \\ 1 & 3 & 0 \end{bmatrix}$　　B. $\begin{bmatrix} 1 & 2 & 1 \\ 0 & 5 & 3 \\ 0 & 0 & 3 \end{bmatrix}$　　C. $\begin{bmatrix} 1 & 2 & 3 \\ 2 & 5 & 7 \\ 3 & 7 & 10 \end{bmatrix}$　　D. $\begin{bmatrix} 1 & 2 & -1 \\ 2 & 5 & -2 \\ -1 & -2 & 6 \end{bmatrix}$

姓名：_____ 学号：_____ 所在院系：_____ 所在班级：_____

2. 若矩阵 $A = \begin{bmatrix} 1 & 0 & 0 \\ 0 & m & n+2 \\ 0 & m-1 & m \end{bmatrix}$ 为正定矩阵，则 m 必定满足（　　），且说明理由.

　　A. $m > \dfrac{1}{2}$ 　　　　　　　　　　B. $m < \dfrac{2}{3}$

　　C. $m > -2$ 　　　　　　　　　　D. 与 n 有关，不能确定

3. 使实二次型 $f(x_1, x_2, x_3) = \begin{bmatrix} x_1 & x_2 & x_3 \end{bmatrix} \begin{bmatrix} k & k & 1 \\ k & k & 0 \\ 1 & 0 & k^2 \end{bmatrix} \begin{bmatrix} x_1 \\ x_2 \\ x_3 \end{bmatrix}$ 正定的 k 存在吗？为什么？

4. 判断下列二次型是否正定：

（1）$f(x_1, x_2, x_3) = 2x_1^2 + 4x_1x_2 - 4x_1x_3 + 5x_2^2 - 8x_2x_3 + 5x_3^2$；

（2）$f(x_1, x_2, x_3) = 2x_1^2 - 4x_1x_2 + x_2^2 - 4x_2x_3$；

（3）$f(x_1,x_2,x_3) = 3x_1^2 + 2x_1x_2 + 2x_1x_3 + 3x_2^2 + 2x_2x_3 + 3x_3^2$.

5．选择恰当的方法判断下列二次型是否正定：
（1）$f(x_1,x_2,x_3) = 5x_1^2 + 4x_1x_2 - 4x_1x_3 + 5x_2^2 - 2x_2x_3 + 5x_3^2$；

（2）$f(x_1,x_2,x_3) = x_1^2 + 2x_1x_3 + x_2^2 + 2x_2x_3 + 2x_3^2$

（3）$f(x_1,x_2,\cdots,x_n) = \sum_{i=1}^{n} x_i^2 + \sum_{i=1}^{n-1} x_i x_{i+1}$.

6. t 取何值时下列二次型是正定的：

（1） $f(x_1,x_2,x_3) = x_1^2 + 2tx_1x_2 - 2x_1x_3 + x_2^2 + 4x_2x_3 + 5x_3^2$;

（2） $f(x_1,x_2,x_3,x_4) = t(x_1^2 + x_2^2 + x_3^2) + x_4^2 + 2x_1x_2 + 2x_1x_3 - 2x_2x_3$.

7. 已知 $A = \left[a_{ij}\right]_{n \times n}$ 是正定矩阵，求证：$a_{ii} > 0$，$i = 1, 2, \cdots, n$.

8. A, B 为正定矩阵，证明 $\begin{bmatrix} A & O \\ O & B \end{bmatrix}$ 为正定矩阵.

第二部分 提高篇

第一篇　分章节提高题

第1章　行列式提高题

1. 计算下列行列式（要求写出计算过程）：

(1) $\begin{vmatrix} 1 & 0 & a & 1 \\ 0 & -1 & b & -1 \\ -1 & -1 & c & -1 \\ -1 & 1 & d & 0 \end{vmatrix}$;

(2) $\begin{vmatrix} x+3 & 1 & 2 \\ x & x-1 & 1 \\ 3(x+1) & x & x+3 \end{vmatrix}$.

2. 试用多种方法证明：当 $n = k+1$ $(i=1,2,\cdots,n)$ 时，

$$D_n = \begin{vmatrix} 1+a_1 & 1 & 1 & \cdots & 1 \\ 1 & 1+a_2 & 1 & \cdots & 1 \\ 1 & 1 & 1+a_3 & \cdots & 1 \\ \vdots & \vdots & \vdots & & \vdots \\ 1 & 1 & 1 & \cdots & 1+a_n \end{vmatrix} = a_1 a_2 \cdots a_n (1 + \sum_{i=1}^{n} \frac{1}{a_i}).$$

3. 计算 $D_5 = \begin{vmatrix} 1 & 2 & 3 & 4 & 5 \\ 5 & 1 & 2 & 3 & 4 \\ 4 & 5 & 1 & 2 & 3 \\ 3 & 4 & 5 & 1 & 2 \\ 2 & 3 & 4 & 5 & 1 \end{vmatrix}$.

第 2 章 线性方程组提高题

1. 若一个非齐次线性方程组的增广矩阵经一系列初等行变换化为
$$\begin{bmatrix} 1 & -1 & 3 & 7 & 0 & \vdots & 6 \\ 0 & 0 & 2 & 0 & \lambda & \vdots & 2 \\ 0 & 0 & 0 & 3 & 0 & \vdots & \lambda-2 \\ 0 & 0 & 0 & 0 & \lambda-1 & \vdots & \lambda+2 \end{bmatrix},$$

则当 $\lambda=$ ____ 时,方程组无解;当 λ 为 ____ 时,方程组有无穷多解,且含有 ____ 个自由未知量.

2. 讨论下列线性方程组,当 λ 取何值时方程组无解,有唯一解,有无穷多个解?在有无穷多个解时写出其通解:

(1) $\begin{cases} x_1 + x_2 + \lambda x_3 = 2, \\ 3x_1 + 4x_2 + 2x_3 = \lambda, \\ 2x_1 + 3x_2 - x_3 = 1; \end{cases}$ (2) $\begin{cases} (\lambda+3)x_1 + x_2 + 2x_3 = \lambda, \\ \lambda x_1 + (\lambda-1)x_2 + x_3 = \lambda, \\ 3(\lambda+1)x_1 + \lambda x_2 + (\lambda+3)x_3 = 3; \end{cases}$

(3) * $\begin{cases} \lambda x_1 + x_2 + x_3 = 1, \\ x_1 + \lambda x_2 + x_3 = \lambda, \\ x_1 + x_2 + \lambda x_3 = \lambda^2. \end{cases}$

3. 问 a, b 取何值时线性方程组

$$\begin{cases} x_1 + x_2 + x_3 + x_4 + x_5 = 1, \\ 3x_1 + 2x_2 + x_3 + x_4 - 3x_5 = a, \\ x_2 + 2x_3 + 2x_4 + 6x_5 = 3, \\ 5x_1 + 4x_2 + 3x_3 + 3x_4 - x_5 = b \end{cases}$$

有解？有解时，写出通解.

4. 判别齐次线性方程组（$n > 1$）

$$\begin{cases} x_2 + x_3 + \cdots + x_{n-1} + x_n = 0, \\ x_1 + x_3 + \cdots + x_{n-1} + x_n = 0, \\ x_1 + x_2 + \cdots + x_{n-1} + x_n = 0, \\ \cdots\cdots\cdots\cdots \\ x_1 + x_2 + x_3 + \cdots + x_{n-1} = 0 \end{cases}$$

是否有非零解.

5. 设线性方程组

$$(\mathrm{I})\begin{cases} a_{11}x_1 + a_{12}x_2 + \cdots + a_{1n}x_n = b_1, \\ a_{21}x_1 + a_{22}x_2 + \cdots + a_{2n}x_n = b_2, \\ \cdots\cdots\cdots\cdots \\ a_{n1}x_1 + a_{n2}x_2 + \cdots + a_{nn}x_n = b_n \end{cases}$$

的系数矩阵 A 的秩等于矩阵 B 的秩，其中

$$B = \begin{bmatrix} a_{11} & a_{12} & \cdots & a_{1n} & b_1 \\ a_{21} & a_{22} & \cdots & a_{2n} & b_2 \\ \vdots & \vdots & & \vdots & \vdots \\ a_{n1} & a_{n2} & \cdots & a_{nn} & b_n \\ b_1 & b_2 & \cdots & b_n & 0 \end{bmatrix}.$$

试证：（I）有解.

6. 写出线性方程组

$$\begin{cases} x_1 - x_2 & = b_1, \\ \quad x_2 - x_3 & = b_2, \\ \quad\quad x_3 - x_4 & = b_3, \\ \cdots\cdots\cdots\cdots \\ \quad\quad\quad x_{n-1} - x_n = b_{n-1}, \\ -x_1 \quad\quad\quad\quad + x_n = b_n \end{cases}$$

有解的充要条件. 在有解情况下，写出通解.

7. 已知 n 阶行列式 $D=|a_{ij}|\neq 0$，证明：线性方程组
$$\begin{cases} a_{11}x_1+a_{12}x_2+\cdots+a_{1,n-1}x_{n-1}=a_{1n}, \\ a_{21}x_1+a_{22}x_2+\cdots+a_{2,n-1}x_{n-1}=a_{2n}, \\ \cdots\cdots\cdots\cdots \\ a_{n1}x_1+a_{n2}x_2+\cdots+a_{n,n-1}x_{n-1}=a_{nn} \end{cases}$$ 无解．

8．下图是某地区的灌溉渠道网，流量及流向均已在图上标明．

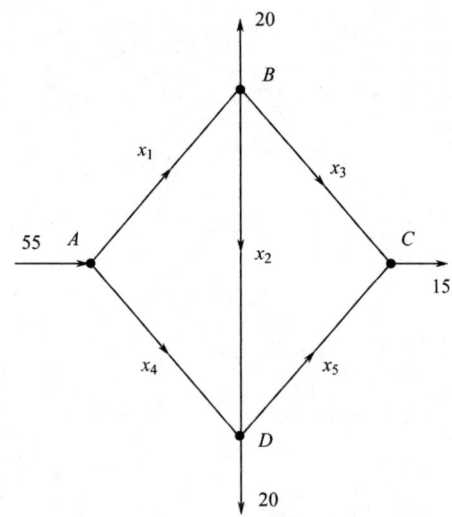

（1）确定各段的流量 x_1,x_2,x_3,x_4,x_5；

（2）如 BC 段渠道关闭，那么 AD 段的流量保持在什么范围内，才能使所有段的流量不超过 30？

9. 下图是某地区的交通网，车流量及流向已在图上标明．

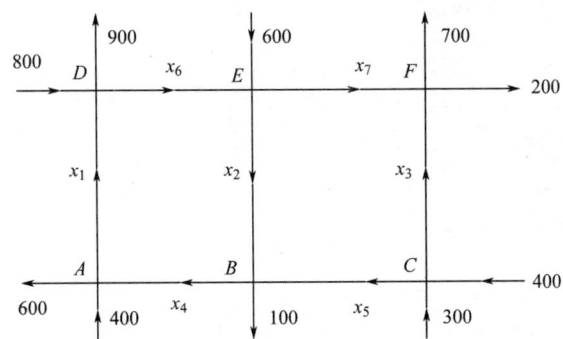

（1）求出各街道的车流量 $x_1, x_2, \cdots, x_7$．此时，EF 街道车流量应控制在什么范围内才能使所有街道车流量不超过 500？

（2）若 DE 街道关闭，求出此时各街道的车流量．

10．一家服装厂共有 3 个加工车间，第一车间用一匹布能生产衬衣 4 件，长裤 15 条和 3 件外衣；第二车间用一匹布能生产衬衣 4 件，长裤 5 条和 9 件外衣；第三车间用一匹布能生产衬衣 8 件，长裤 10 条和 3 件外衣，现该厂接到一张定单，要求供应 2000 件衬衣，3500 条长裤和 2400 件外衣．问该厂应如何向 3 个车间安排加工任务，以完成该定单？

（提示：设安排第一车间 x_1 匹布，第二车间 x_2 匹布，第三车间 x_3 匹布．）

11. 某食品厂准备用原料 A_1, A_2, A_3, A_4, A_5 开发一种含脂肪 3%，碳水化合物 12.5%，蛋白质 15%的新产品 2000 千克，已知原料含脂肪，碳水化合物，蛋白质的百分比如下表：

	A_1	A_2	A_3	A_4	A_5
脂肪（%）	2	2	4	6	8
碳化水合物（%）	10	15	5	25	5
蛋白质（%）	20	10	30	5	15

问开发这种新产品有否可能？如果可以，那么有多少种配方可供选择？

第 3 章　矩阵提高题

1. 设 E_{ij} 为 n 阶方阵，它的第 i 行第 j 列元素为 1，其余元素均为零（称为矩阵单位）. $A = \left[a_{ij} \right]_{n \times n}$，计算 AE_{ij}，$E_{ij}A$，$E_{ik}E_{kj}$.

2. 设 A 为 n 阶方阵，若 A 与所有 n 阶方阵乘法可换，则 A 一定是数量矩阵.

3. 设 A，B 均为 n 阶方阵，证明：
$$(A+B)(A-B)=A^2-B^2 \Leftrightarrow AB=BA;$$
$$(A+B)^2=A^2+2AB+B^2 \Leftrightarrow AB=BA.$$

4. n 阶方阵 $A=\left[a_{ij}\right]_{n\times n}$ 主对角线上元素之和称为矩阵 A 的迹，且记为 $\operatorname{tr} A=\sum_{i=1}^{n}a_{ii}$. 设 A，B 分别为 $m\times n$ 及 $n\times m$ 矩阵，证明：$\operatorname{tr}(AB)=\operatorname{tr}(BA)$.

5. *试证不存在 n 阶方阵 A，B 满足 $AB-BA=E$.
提示：利用第 4 题结果，用反证法.

6. *设 A 是实数域上的矩阵，证明：若 $A^{\mathrm{T}}A=O$，则 $A=O$.
提示：考虑 $A^{\mathrm{T}}A$ 主对角线上元素.

7. 设 J_n 为所有元素全为 1 的 n（$n>1$）阶方阵，证明 $E-J_n$ 可逆，且其逆为
$$E-\frac{1}{n-1}J_n$$

8. *求满足关系式 $A(E-C^{-1}B)^T C^T = E$ 的矩阵 A，其中
$$B=\begin{bmatrix} 1 & -1 & 0 & 0 \\ 0 & 1 & -1 & 0 \\ 0 & 0 & 1 & -1 \\ 0 & 0 & 0 & 1 \end{bmatrix}, \quad C=\begin{bmatrix} 2 & 1 & 3 & 4 \\ 0 & 2 & 1 & 3 \\ 0 & 0 & 2 & 1 \\ 0 & 0 & 0 & 2 \end{bmatrix}.$$

9. 设 A，B 都是 n（$n>1$）阶方阵，$k \in P$，且 $k \neq 0$．判断下列结论成立的是（　　），且说明理由：

（1）若 $|A|=0$，则 $A=0$．　　　　（2）$|kA|=k|A|$．

（3）$\left|\dfrac{1}{A}A\right|=1$．　　　　（4）$|A+B|=|A|+|B|$．

（5）$|AB|=|A||B|$．　　　　（6）$|A^T|=|A|$．

（7）$|(AB)^T|=|A^T||B^T|$．

10. 以下命题是正确的是（   ），且说明理由：

（1）对任何矩阵 A，均有 $|AA^T| = |A^TA|$.

（2）A，B，C，D 均为 n（$n>1$）阶方阵，若 $M = \begin{bmatrix} A & B \\ C & D \end{bmatrix}$，

则 $|M| = |A||D| - |B||C|$.

（3）A，B，C，D 均为 n 阶方阵，若 $M = \begin{bmatrix} A & B \\ C & D \end{bmatrix}$，则 $M^T = \begin{bmatrix} A & C \\ B & D \end{bmatrix}$.

（4）A，B 为 n（$n>1$）阶方阵则 $\begin{vmatrix} O & A \\ B & O \end{vmatrix} = -|A||B|$.

（5）A，B 为可逆矩阵，则 $AXB=C$ 有唯一解 $X = A^{-1}CB^{-1}$.

（6）$\begin{bmatrix} 1 & 1 & \cdots & 1 \\ 2 & 2 & \cdots & 2 \\ \vdots & \vdots & & \vdots \\ n & n & \cdots & n \end{bmatrix}_{n \times n}$ 等价于 $\begin{bmatrix} 1 & 0 & \cdots & 0 \\ 0 & 0 & \cdots & 0 \\ \vdots & \vdots & & \vdots \\ 0 & 0 & \cdots & 0 \end{bmatrix}_{n \times n}$.

11. 已知 A 为 3 阶方阵，$|A|=a\neq 0$，记 $G=\begin{bmatrix} O & 2A \\ -A^* & A+A^* \end{bmatrix}$，求

（1）$|G|$； （2）$(G^*)^{-1}$.

12. 设 A 是 n 阶可逆方阵，将 A 的第 i 行和第 j 行互换后得到的矩阵记为 B.
（1）证明 B 是可逆矩阵；（2）求 AB^{-1}.

13. 设 A 为 $m\times n$ 矩阵，B 为 $n\times m$ 矩阵. 当 $m>n$ 时证明：
（1）秩（AB）$<m$； （2）AB 不可逆；
（3）齐次线性方程组 $(AB)X=O$ 有非零解.

14. 设秩（$A_{m\times n}$）=r，证明：

（1）存在 $B_{m\times n}, C_{n\times n}$，秩（$B$）=秩（$C$）=r，使 $A=BC$；

（2）存在 $D_{m\times m}, F_{m\times n}$，秩（$D$）=秩（$F$）=r，使 $A=DF$；

（3）存在 $R_{m\times r}, S_{r\times n}$，秩（$R$）=秩（$S$）=r，使 $A=RS$.

15. 设 C 为可逆矩阵，试问秩（ACB）与秩（AB）是否一定相等？或证明，或举反例.

16. 设 A，B 为 n 阶方阵，且秩（A）+秩（B）≤n. 证明：存在可逆矩阵 M 使 $AMB=O$

第 4 章 向量提高题

1. 设 $\beta = [1,\ 1, b+3,\ 5]^T$，$\alpha_1 = [1,\ 0,\ 2,\ 3]^T$，$\alpha_2 = [1,\ 1,\ 3,\ 5]^T$，$\alpha_3 = [1,\ -1, a+2,\ 1]^T$，$\alpha_4 = [1,\ 2,\ 4,\ a+8]^T$.

  （1）a, b 为何值时，β 不能经 $\alpha_1, \alpha_2, \alpha_3, \alpha_4$ 线性表示？

  （2）a, b 为何值时，β 能经 $\alpha_1, \alpha_2, \alpha_3, \alpha_4$ 线性表示？并写出该线性表示式.

2. 设 $\alpha_1 = [4,\ a_1,\ 0,\ 0]^T$，$\alpha_2 = [4,\ a_2,\ 4,\ 0]^T$，$\alpha_3 = [4,\ a_3,\ 4,\ 4]^T$，$\alpha_4 = [4,\ a_4,\ 0,\ 4]^T$. 在 $\alpha_1, \alpha_2, \alpha_3, \alpha_4$ 可任意选取时，下列结论正确的是（ ），并说明理由.

  A．$\alpha_1, \alpha_2, \alpha_3$ 必线性相关.   B．$\alpha_1, \alpha_2, \alpha_3$ 必线性无关.

  C．$\alpha_1, \alpha_2, \alpha_3, \alpha_4$ 必线性无关. D．$\alpha_1, \alpha_2, \alpha_3, \alpha_4$ 必线性相关.

3. 已知 5×4 矩阵 A 的秩为 3，非齐次线性方程组 $AX=b$ 有 3 个解向量 ξ_1, ξ_2, ξ_3，且 $\xi_1 = [1,\ 2,\ 3,\ 4]^T$，$\xi_2 + \xi_3 = [2,\ 3,\ 4,\ 5]^T$，求 $AX=b$ 的通解.

4. 设 A 为 n（$n \geq 2$）阶方阵，证明：

（1）当秩（A）$=n$ 时，秩（A^*）$=n$；

（2）当秩（A）$<n-1$ 时，秩（A^*）$=0$；

（3）当秩（A）$=n-1$ 时，秩（A^*）$=1$.

5. 解下列的 4 道题.

（1）讨论矩阵 $\overline{A} = \begin{bmatrix} 1 & 1 & 3 & 2 & 1 \\ 1 & 3 & 1 & 6 & 3 \\ 1 & -5 & 10 & -10 & b \\ 3 & -1 & 15 & -2a & 3 \end{bmatrix}$ 的秩.

（2）讨论方程组

$$\begin{cases} x_1 + x_2 + 3x_3 + 2x_4 = 1, \\ x_1 + 3x_2 + x_3 + 6x_4 = 3, \\ x_1 - 5x_2 + 10x_3 + 10x_4 = b, \\ 3x_1 - x_2 + 15x_3 - 2ax_4 = 3, \end{cases}$$

a，b 取何值时无解，有解？有解时何时有唯一解，何时有无穷多个解？且写出这些解.

（3）设 α_1，α_2，α_3，α_4 如第一组第（4）题所设，$\beta_1 = [1, 3, b, 3]^T$. 问 a，b 取何值时，β 不能经 α_1，α_2，α_3，α_4 线性表示；a，b 取何值时，β 能经 α_1，α_2，α_3，α_4 线性表示. 进而何时表法唯一？何时表法无穷？且写出这些表示式.

（4）讨论 α_1，α_2，α_3，α_4，β 的秩，并写出一个极大线性无关组.

6. 设 A，B 分别为 $m\times n$，$t\times n$ 矩阵，证明：

（1）若 $AX=O$ 的解均为 $BX=O$ 的解，则秩（A）$\geqslant$秩（B）；

（2）若 $AX=O$ 与 $BX=O$ 同解，则秩（A）=秩（B）；

（3）若 $AX=O$ 的解均为 $BX=O$ 的解，且秩（A）=秩（B），则 $AX=O$ 与 $BX=O$ 同解；

（4）若秩（A）=秩（B），问是否能导出 $AX=O$ 与 $BX=O$ 同解？

7. 设 A，B，C 均为 n 阶矩阵，且秩（A）=秩（BA），证明：秩（AC）=秩（BAC）.

8. 设 A，B，C 分别为 $m\times n$，$n\times s$，$s\times m$ 矩阵，且秩（CA）=秩（A），证明：秩（CAB）=秩（AB）.

第 5 章　向量空间提高题

1. 设向量组 $\alpha_1,\alpha_2,\cdots,\alpha_t$ 与向量组 $\beta_1,\beta_2,\cdots,\beta_s$ 等价，令
$W = \{k_1\alpha_1 + k_2\alpha_2 + \cdots + k_t\alpha_t | k_1,k_2,\cdots,k_t \in P\}$，
$V = \{l_1\beta_1 + l_2\beta_2 + \cdots + l_s\beta_s | l_1,l_2,\cdots,l_s \in P\}$，
其中 P 为数域，证明：$W = V$

2. 设：（Ⅰ）$\alpha_1,\alpha_2,\cdots,\alpha_n$ 与（Ⅱ）$\beta_1,\beta_2,\cdots,\beta_n$ 是向量空间 P^n 的两组基
（1）证明在基（Ⅰ），基（Ⅱ）下坐标完全相同向量的全体组成的集合 W 是 P^n 的一个子空间
（2）*设基（Ⅰ）到基（Ⅱ）的过渡矩阵为 M，若秩$(E-M)=r$，则 $\dim(W)=n-r$.

3. 设 $\alpha_1,\alpha_2,\cdots,\alpha_n$ 是 n 维欧氏空间 $\mathbf{R}^n$ 的一组基，证明：若 $\mathbf{R}^n$ 中向量 β_1,β_2 满足 $(\beta_1,\alpha_i)=(\beta_2,\alpha_i), i=1,2,\cdots,n$，则 $\beta_1=\beta_2$.

第6章 矩阵的相似特征值和特征向量提高题

1. 设 λ_0 是 n 阶方阵 A 的一个特征值. 记 A 的属于 λ_0 的特征向量的全体及零向量为
$$W_{\lambda_0} = \{\xi \in P^n \mid A\xi = \lambda_0 \xi\}.$$

证明：

（1）若 $\xi_1, \xi_2 \in W_{\lambda_0}$，则 $\xi_1 + \xi_2 \in W_{\lambda_0}$；

（2）若 $\xi_1 \in W_{\lambda_0}$，则对任意的 $k \in P$ 有 $k\xi_1 \in W_{\lambda_0}$；

（3）由（1），（2）导出 W_{λ_0} 为 P^n 的一个子空间，称为属于 λ_0 的特征子空间. 特征子空间 W_{λ_0} 中任意非零向量都是 A 的属于 λ_0 的特征向量.

3. 已知 $A = \begin{bmatrix} 0 & 0 & 1 \\ x & 1 & 2x-3 \\ 1 & 0 & 0 \end{bmatrix}$ 能与对角矩阵相似，求 x.

4. 设矩阵
$$A = \begin{bmatrix} a & -1 & c \\ 5 & b & 3 \\ 1-c & 0 & -a \end{bmatrix}, \quad |A| = -1,$$

A^* 有一个特征值 λ_0，属于 λ_0 的特征向量为 $\xi = [-1, \ -1, \ 1]^T$，求 a, b, c 和 λ_0 的值.

5. 设矩阵 $A = \begin{bmatrix} 1 & 0 & 1 \\ 0 & 2 & 0 \\ 1 & 0 & 1 \end{bmatrix}$，矩阵 $B = (kE + A)^2$，其中 $k \in \mathbf{R}$，求一个对角矩阵 Λ，使得 B 与 Λ 相似.

6. n 阶方阵 A 有 n 个互异的特征值是 A 能与对角矩阵相似的（　　）.
   A. 充分必要条件.
   B. 充分而非必要条件.
   C. 必要而非充分条件.
   D. 既非充分也非必要条件.

7. 设 A，B 为 n 阶方阵，且 A 与 B 相似，则下述结论正确的是（　　），且说明理由.
   A. $\lambda E - A = \lambda E - B$.
   B. A 与 B 有相同的特征值和特征向量.
   C. A 与 B 都能与一个对角矩阵相似.
   D. 对任意常数 k，$kE - A$ 与 $kE - B$ 相似.

8. 下列矩阵中不能对角化的矩阵是_____，且说明理由.
   A. $\begin{bmatrix} 1 & 2 & 3 \\ 2 & 0 & 4 \\ 3 & 4 & 5 \end{bmatrix}$ B. $\begin{bmatrix} 1 & 2 & 3 \\ 0 & 0 & 4 \\ 0 & 0 & 5 \end{bmatrix}$ C. $\begin{bmatrix} 1 & 2 & 3 \\ 0 & 0 & 0 \\ 0 & 0 & 0 \end{bmatrix}$ D. $\begin{bmatrix} 1 & 2 & 3 \\ 0 & 1 & 4 \\ 0 & 0 & 1 \end{bmatrix}$.

9. 设 $A=\begin{bmatrix} 1 & 0 & 0 \\ 2 & 0 & 0 \\ 3 & 0 & 0 \end{bmatrix}$, $B=\begin{bmatrix} 0 & 0 & 0 \\ 1 & 0 & 0 \\ 0 & 2 & 3 \end{bmatrix}$ 问 A, B 中哪一个矩阵可以对角化？为什么？

10. b 为任意实数时，问矩阵 $A=\begin{bmatrix} 0 & b & b & \cdots & b \\ b & 0 & b & \cdots & b \\ b & b & 0 & \cdots & b \\ \vdots & \vdots & \vdots & & \vdots \\ b & b & b & \cdots & 0 \end{bmatrix}$

能否对角化？为什么？若能对角化，请写出与 A 相似的对角矩阵.

11. 设 n 阶方阵 A 适合 $A^2=E$, 证明 A 的特征值或为 1，或为 -1.

12. 设矩阵 A 与 B 相似，其中 $A=\begin{bmatrix} 1 & -1 & 1 \\ 2 & 4 & -2 \\ -3 & -3 & a \end{bmatrix}$, $B=\begin{bmatrix} 2 & 0 & 0 \\ 0 & 2 & 0 \\ 0 & 0 & b \end{bmatrix}$.

（1）求 a, b 的值；

（2）求可逆矩阵 P，使 $P^{-1}AP=B$.

13. 已知矩阵 $A=\begin{bmatrix} 1 & 0 & 0 & 0 \\ a & 1 & 0 & 0 \\ 2 & 3 & 2 & 0 \\ 2 & 3 & c & 2 \end{bmatrix}$，问 a 与 c 取何值时 A 能与对角矩阵相似？为什么？

14. 已知矩阵 $A=\begin{bmatrix} 2 & 2 & 0 \\ 8 & 2 & a \\ 0 & 0 & 6 \end{bmatrix}$ 相似于对角矩阵 Λ，试确定常数 a 的值；并求可逆矩阵 P 使 $P^{-1}AP=\Lambda$.

第7章 二次型提高题

1. 设 A，B，C，D 均为 n 阶实对称矩阵，在实数域上 A 与 B 合同，C 与 D 合同. 问下述结论是否正确，为什么？

（1）$A+C$ 与 $B+D$ 合同；

（2）$\begin{bmatrix} A & O \\ O & C \end{bmatrix}$ 与 $\begin{bmatrix} B & O \\ O & D \end{bmatrix}$ 合同.

2. 已知 A 为 $m \times n$ 实矩阵，求证：$A^{\mathrm{T}}A$ 为正定矩阵 $\Leftrightarrow$ 秩（A）$=n$.

3. 设 A 为 n 阶正定矩阵，P 为 $n \times m$ 实矩阵，求证：
$$P^{\mathrm{T}}AP \text{ 为正定矩阵} \Leftrightarrow \text{秩}(P)=m.$$

4. 写出二次型 $f(x_1, x_2, x_3) = x_1 x_2 + 6x_2^2$ 的矩阵.

5. 已知二次型 $x_1^2 + 4x_1 x_2 + x_2^2 + 6x_2 x_3 + ax_3^2$ 的秩为 2，则 $a =$ _____，为什么？

6. 设 $A = \begin{bmatrix} 2-a & 1 & 0 \\ 1 & 1 & 0 \\ 0 & 0 & a+3 \end{bmatrix}$ 是正定矩阵，则 a 的取值是 _____，且说明理由.

7. 设 $f(x_1, x_2, x_3) = X^{\mathrm{T}} A X$ 经正交替换化为标准形 $3y_1^2 + 5y_2^2$，求 A 的特征值及 $|A|$.

8. 若实对称矩阵 A 与矩阵 $B = \begin{bmatrix} 1 & 0 & 0 \\ 0 & 0 & 2 \\ 0 & 2 & 0 \end{bmatrix}$ 合同，求二次型 $f(x_1, x_2, x_3) = X^{\mathrm{T}} A X$ 的规范形.

9. 设 $A = \begin{bmatrix} 1 & & & \\ & 1 & & \\ & & 1 & \\ & & & 1 \end{bmatrix}$，$B = \begin{bmatrix} & & & 1 \\ & & 1 & \\ & 1 & & \\ 1 & & & \end{bmatrix}$.

（1）A 与 B 是否等价？为什么？

（2）A 与 B 是否相似？为什么？

（3）A 与 B 是否在实数域上合同？为什么？

10. 但是 $|\lambda E - A| = (\lambda-1)^2(\lambda+1)^2$，所以 B 的所有特征值为-1，-1，1，1，秩为4，正惯性指数为2．两者的正惯性指数不想等，所以不合同.

11．设 A 是 n 阶正定矩阵，$\alpha_1, \alpha_2, \cdots, \alpha_n$ 均为 n 元非零的实的列向量，且满足 $\alpha_i^T A \alpha_j = 0 (i \neq j; i, j = 1, 2, \cdots, n)$．证明：$\alpha_1, \alpha_2, \cdots, \alpha_n$ 线性无关.

12．已知 $A = \begin{bmatrix} 2 & 1 & 0 \\ 1 & 2 & 0 \\ 0 & 0 & t \end{bmatrix}, B = \begin{bmatrix} 1 & 2 & 3 \\ 4 & 5 & 6 \\ 3 & 3 & 3 \end{bmatrix}, C = \begin{bmatrix} 1 & 2 & 3 \\ 0 & 3 & 5 \\ 0 & 0 & 5 \end{bmatrix}, D = \begin{bmatrix} 2 & 0 & 0 \\ 0 & 2 & 1 \\ 0 & 1 & 0 \end{bmatrix}.$

问：

(1) t 取值在什么范围时，A 为正定矩阵？为什么？

(2) t 取何值时，A 与 B 等价？为什么？

(3) t 取何值时，A 与 C 相似？为什么？

(4) t 取何值时，A 与 D 合同？为什么？

第二篇　综合提高篇

1. 设向量组 I：$\alpha_1, \alpha_2, \cdots, \alpha_r$ 可由向量组 II：$\beta_1, \beta_2, \cdots, \beta_s$ 线性表示，则（　　）
   A. 当 $r < s$ 时，向量组 II 必线性相关．
   B. 当 $r > s$ 时，向量组 II 必线性相关．
   C. 当 $r < s$ 时，向量组 I 必线性相关．
   D. 当 $r > s$ 时，向量组 I 必线性相关．

2. 设有齐次线性方程组 $Ax = 0$ 和 $Bx = 0$，其中 A, B 均为 $m \times n$ 矩阵，现有 4 个命题：
   ① 若 $Ax = 0$ 的解均是 $Bx = 0$ 的解，则秩$(A) \geqslant$ 秩(B)；
   ② 若秩$(A) \geqslant$ 秩(B)，则 $Ax = 0$ 的解均是 $Bx = 0$ 的解；
   ③ 若 $Ax = 0$ 与 $Bx = 0$ 同解，则秩$(A) =$ 秩(B)；
   ④ 若秩$(A) =$ 秩(B)，则 $Ax = 0$ 与 $Bx = 0$ 同解．
   以上命题中正确的是（　　）
   A. ①②　　　　　　　　　　B. ①③
   C. ②④　　　　　　　　　　D. ③④

3. 从 $\mathbf{R}^2$ 的基 $\alpha_1 = \begin{pmatrix} 1 \\ 0 \end{pmatrix}, \alpha_2 = \begin{pmatrix} 1 \\ -1 \end{pmatrix}$ 到基 $\beta_1 = \begin{pmatrix} 1 \\ 1 \end{pmatrix}, \beta_2 = \begin{pmatrix} 1 \\ 2 \end{pmatrix}$ 的过渡矩阵为_____.

4. 设矩阵 $A = \begin{pmatrix} 3 & 2 & 2 \\ 2 & 3 & 2 \\ 2 & 2 & 3 \end{pmatrix}$, $P = \begin{pmatrix} 0 & 1 & 0 \\ 1 & 0 & 1 \\ 0 & 0 & 1 \end{pmatrix}$, $B = P^{-1}A^*P$, 求 $B + 2E$ 的特征值与特征向量, 其中 A^* 为 A 的伴随矩阵, E 为 3 阶单位矩阵.

5. 已知平面上三条不同直线的方程分别为
$l_1 : ax + 2by + 3c = 0$, $l_2 : bx + 2cy + 3a = 0$, $l_3 : cx + 2ay + 3b = 0$.
试证这三条直线交于一点的充分必要条件为 $a + b + c = 0$.

姓名：_____　　学号：_____　　所在院系：_____　　所在班级：_____

6. 设 A 是 3 阶方阵，将 A 的第 1 列与第 2 列交换得 B，再把 B 的第 2 列加到第 3 列得 C，则满足 $AQ = C$ 的可逆矩阵 Q 为（　　）

A. $\begin{pmatrix} 0 & 1 & 0 \\ 1 & 0 & 0 \\ 1 & 0 & 1 \end{pmatrix}$ B. $\begin{pmatrix} 0 & 1 & 0 \\ 1 & 0 & 1 \\ 0 & 0 & 1 \end{pmatrix}$

C. $\begin{pmatrix} 0 & 1 & 0 \\ 1 & 0 & 0 \\ 0 & 1 & 1 \end{pmatrix}$ D. $\begin{pmatrix} 0 & 1 & 1 \\ 1 & 0 & 0 \\ 0 & 0 & 1 \end{pmatrix}$

7. 设 A,B 为满足 $AB=O$ 的任意两个非零矩阵，则必有（　　）

A. A 的列向量组线性相关，B 的行向量组线性相关.
B. A 的列向量组线性相关，B 的列向量组线性相关.
C. A 的行向量组线性相关，B 的行向量组线性相关.
D. A 的行向量组线性相关，B 的列向量组线性相关.

8. 设矩阵 $A = \begin{pmatrix} 2 & 1 & 0 \\ 1 & 2 & 0 \\ 0 & 0 & 1 \end{pmatrix}$，矩阵 B 满足 $ABA^* = 2BA^* + E$，其中 A^* 为 A 的伴随矩阵，E 是单位矩阵，则 $|B| =$ _____.

9. 设有齐次线性方程组 $\begin{cases} (1+a)x_1 + x_2 + \cdots + x_n = 0, \\ 2x_1 + (2+a)x_2 + \cdots + 2x_n = 0, \\ \cdots\cdots \\ nx_1 + nx_2 + \cdots + (n+a)x_n = 0, \end{cases}$ $(n \geq 2)$ 试问 a 取何值时，该方程组有非零解，并求出其通解.

10. 设矩阵 $A = \begin{pmatrix} 1 & 2 & -3 \\ -1 & 4 & -3 \\ 1 & a & 5 \end{pmatrix}$ 的特征方程有一个二重根，求 a 的值，并讨论 A 是否可相似对角化.

11. 设 $\alpha_1, \alpha_2, \alpha_3$ 均为 3 维列向量，记矩阵
$A = (\alpha_1, \alpha_2, \alpha_3)$，$B = (\alpha_1 + \alpha_2 + \alpha_3, \alpha_1 + 2\alpha_2 + 4\alpha_3, \alpha_1 + 3\alpha_2 + 9\alpha_3)$，
如果 $|A| = 1$，那么 $|B| = $ _____.

12. 设 λ_1, λ_2 是矩阵 A 的两个不同的特征值，对应的特征向量分别为 α_1, α_2，则 α_1，$A(\alpha_1 + \alpha_2)$ 线性无关的充分必要条件是（　　）

   A. $\lambda_1 \neq 0$ \qquad\qquad\qquad B. $\lambda_2 \neq 0$
   C. $\lambda_1 = 0$ \qquad\qquad\qquad D. $\lambda_2 = 0$

13. 设 A 为 n（$n \geq 2$）阶可逆矩阵，交换 A 的第 1 行与第 2 行得矩阵 B，A^*，B^* 分别为 A，B 的伴随矩阵，则（　　）

   A. 交换 A^* 的第 1 列与第 2 列得 B^*
   B. 交换 A^* 的第 1 行与第 2 行得 B^*
   C. 交换 A^* 的第 1 列与第 2 列得 $-B^*$
   D. 交换 A^* 的第 1 行与第 2 行得 $-B^*$

14. 已知二次型 $f(x_1,x_2,x_3) = (1-a)x_1^2 + (1-a)x_2^2 + 2x_3^2 + 2(1+a)x_1x_2$ 的秩为 2.

   （Ⅰ）求 a 的值；
   （Ⅱ）求正交变换 $x = Qy$，把 $f(x_1,x_2,x_3)$ 化成标准形；
   （Ⅲ）求方程 $f(x_1,x_2,x_3)=0$ 的解.

15. 已知 3 阶矩阵 A 的第一行是 $(a,b,c), a,b,c$ 不全为零，矩阵 $B = \begin{bmatrix} 1 & 2 & 3 \\ 2 & 4 & 6 \\ 3 & 6 & k \end{bmatrix}$（$k$ 为常数），且 $AB = O$，求线性方程组 $Ax = 0$ 的通解.

16. 设矩阵 $A = \begin{pmatrix} 2 & 1 \\ -1 & 2 \end{pmatrix}$，$E$ 为 2 阶单位矩阵，矩阵 B 满足 $BA = B + 2E$，则 $|B| = $ _____ .

17. 设 $a_1, a_2, \cdots, a_s$ 均为 n 维列向量，A 是 $m \times n$ 矩阵，下列选项正确的是（   ）

    A. 若 $a_1, a_2, \cdots, a_s$ 线性相关，则 $Aa_1, Aa_2, \cdots, Aa_s$ 线性相关.

    B. 若 $a_1, a_2, \cdots, a_s$ 线性相关，则 $Aa_1, Aa_2, \cdots, Aa_s$ 线性无关.

    C. 若 $a_1, a_2, \cdots, a_s$ 线性无关，则 $Aa_1, Aa_2, \cdots, Aa_s$ 线性相关.

    D. 若 $a_1, a_2, \cdots, a_s$ 线性无关，则 $Aa_1, Aa_2, \cdots, Aa_s$ 线性无关.

18. 设 A 为 3 阶矩阵，将 A 的第 2 行加到第 1 行得 B，再将 B 的第 1 列的 -1 倍加到第 2 列得 C，记 $P = \begin{pmatrix} 1 & 1 & 0 \\ 0 & 1 & 0 \\ 0 & 0 & 1 \end{pmatrix}$，则（　　）

  A. $C = P^{-1}AP$.　　　　　　　　B. $C = PAP^{-1}$.
  C. $C = P^{\mathrm{T}}AP$.　　　　　　　　D. $C = PAP^{\mathrm{T}}$.

19. 已知非齐次线性方程组 $\begin{cases} x_1 + x_2 + x_3 + x_4 = -1 \\ 4x_1 + 3x_2 + 5x_3 - x_4 = -1 \\ ax_1 + x_2 + 3x_3 + bx_4 = 1 \end{cases}$ 有 3 个线性无关的解.

（Ⅰ）证明方程组系数矩阵 A 的秩 $r(A) = 2$；
（Ⅱ）求 a, b 的值及方程组的通解.

20. 设 3 阶实对称矩阵 A 的各行元素之和均为 3，向量 $\alpha_1 = (-1, 2, -1)^{\mathrm{T}}, \alpha_2 = (0, -1, 1)^{\mathrm{T}}$ 是线性方程组 $Ax = 0$ 的两个解.
（Ⅰ）求 A 的特征值与特征向量；
（Ⅱ）求正交矩阵 Q 和对角矩阵 Λ，使得 $Q^{\mathrm{T}}AQ = \Lambda$.

21. 设向量组 $\alpha_1, \alpha_2, \alpha_3$ 线性无关，则下列向量组线性相关的是（ ）

　　A. $\alpha_1 - \alpha_2, \alpha_2 - \alpha_3, \alpha_3 - \alpha_1$　　　B. $\alpha_1 + \alpha_2, \alpha_2 + \alpha_3, \alpha_3 + \alpha_1$.
　　C. $\alpha_1 - 2\alpha_2, \alpha_2 - 2\alpha_3, \alpha_3 - 2\alpha_1$　　D. $\alpha_1 + 2\alpha_2, \alpha_2 + 2\alpha_3, \alpha_3 + 2\alpha_1$.

22. 设矩阵 $A = \begin{bmatrix} 2 & -1 & -1 \\ -1 & 2 & -1 \\ -1 & -1 & 2 \end{bmatrix}$, $B = \begin{bmatrix} 1 & 0 & 0 \\ 0 & 1 & 0 \\ 0 & 0 & 0 \end{bmatrix}$，则 A 与 B（ ）

　　A. 合同，且相似.　　　　　　　　　B. 合同，但不相似.
　　C. 不合同，但相似.　　　　　　　　D. 既不合同，也不相似.

23. 设线性方程组 $\begin{cases} x_1 + x_2 + x_3 = 0 \\ x_1 + 2x_2 + ax_3 = 0 \\ x_1 + 4x_2 + a^2 x_3 = 0 \end{cases}$ （1）与方程 $x_1 + 2x_2 + x_3 = a - 1$ （2）有公共解，求 a 得值及所有公共解.

24. 设 3 阶实对称矩阵 A 的特征值 $\lambda_1 = 1, \lambda_2 = 2, \lambda_3 = -2$, $\alpha_1 = (1,-1,1)^T$ 是 A 的属于 λ_1 的一个特征向量. 记 $B = A^5 - 4A^3 + E$, 其中 E 为 3 阶单位矩阵.

（Ⅰ）验证 α_1 是矩阵 B 的特征向量, 并求 B 的全部特征值与特征向量;

（Ⅱ）求矩阵 B.

25. 设 A 为 n 阶非 0 矩阵, E 为 n 阶单位矩阵, 若 $A^3 = 0$, 则（　　）

  A. $Y - N(1,4)$ 不可逆, $E + A$ 不可逆

  B. $E - A$ 不可逆, $x = 0$ 可逆

  C. $E - A$ 可逆, $E + A$ 可逆

  D. $E - A$ 可逆, $E + A$ 不可逆

26. 设 A 为 3 阶实对称矩阵, 如果二次曲面方程 $(x,y,z)A\begin{pmatrix}x\\y\\z\end{pmatrix}=1$ 在正交变换下的标准方程的图形如图, 则 A 的正特征值个数为（　　）

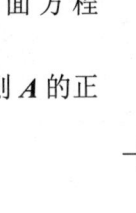

  A. 0.   B. 1.

  C. 2.   D. 3.

27. 设 $\alpha_1, \alpha_2, \alpha_3$ 是 3 维向量空间 A^3 的一组基，则由基 $\alpha_1, \frac{1}{2}\alpha_2, \frac{1}{3}\alpha_3$ 到基 $\alpha_1+\alpha_2, \alpha_2+\alpha_3, \alpha_3+\alpha_1$ 的过渡矩阵为（   ）

A. $\begin{pmatrix} 1 & 0 & 1 \\ 2 & 2 & 0 \\ 0 & 3 & 3 \end{pmatrix}$

B. $\begin{pmatrix} 1 & 2 & 0 \\ 0 & 2 & 3 \\ 1 & 0 & 3 \end{pmatrix}$

C. $\begin{pmatrix} \frac{1}{2} & \frac{1}{4} & -\frac{1}{6} \\ -\frac{1}{2} & \frac{1}{4} & \frac{1}{6} \\ \frac{1}{2} & -\frac{1}{4} & \frac{1}{6} \end{pmatrix}$

D. $\begin{pmatrix} \frac{1}{2} & -\frac{1}{2} & \frac{1}{2} \\ \frac{1}{4} & \frac{1}{4} & -\frac{1}{4} \\ -\frac{1}{6} & \frac{1}{6} & \frac{1}{6} \end{pmatrix}$

28. 设 A, B 均为 2 阶矩阵，A^*, B^* 分别为 A, B 的伴随矩阵，若 $|A|=2, |B|=3$，则分块矩阵 $\begin{pmatrix} O & A \\ B & O \end{pmatrix}$ 的伴随矩阵为（   ）

A. $\begin{pmatrix} O & 3B^* \\ 2A^* & O \end{pmatrix}$ 　B. $\begin{pmatrix} O & 2B^* \\ 3A^* & O \end{pmatrix}$ 　C. $\begin{pmatrix} O & 3A^* \\ 2B^* & O \end{pmatrix}$ 　D. $\begin{pmatrix} O & 2A^* \\ 3B^* & O \end{pmatrix}$

29. 若 3 维列向量 α, β 满足 $\alpha^T\beta = 2$，其中 α^T 为 α 的转置，则矩阵 $\beta\alpha^T$ 的非零特征值为_____．

30. 设
$$A = \begin{pmatrix} 1 & -1 & -1 \\ -1 & 1 & 1 \\ 0 & -4 & -2 \end{pmatrix}, \quad \xi_1 = \begin{pmatrix} -1 \\ 1 \\ -2 \end{pmatrix}$$

(I) 求满足 $A\xi_2 = \xi_1, A^2\xi_3 = \xi_1$ 的所有向量 ξ_2, ξ_3；

(II) 对 (I) 中的任意向量 ξ_2, ξ_3，证明：ξ_1, ξ_2, ξ_3 线性无关.

31. 设二次型
$$f(x_1, x_2, x_3) = ax_1^2 + ax_2^2 + (a-1)x_3^2 + 2x_1x_3 - 2x_2x_3$$

(I) 求二次型 f 的矩阵的所有特征值；

(II) 若二次型 f 的规范形为 $y_1^2 + y_2^2$，求 a 的值.

32. 设 A 为 $m \times n$ 矩阵，B 为 $n \times m$ 矩阵，E 为 m 阶单位矩阵，若 $AB = E$，则（　　）

　　A. 秩 $r(A) = m$，秩 $r(B) = m$. 　　B. 秩 $r(A) = m$，秩 $r(B) = n$.

　　C. 秩 $r(A) = n$，秩 $r(B) = m$. 　　D. 秩 $r(A) = n$，秩 $r(B) = n$.

33. 设 A 为 4 阶实对称矩阵，且 $A^2 + A = O$，若 A 的秩为 3，则 A 相似于（　　）

A. $\begin{pmatrix} 1 & & & \\ & 1 & & \\ & & 1 & \\ & & & 0 \end{pmatrix}$.

B. $\begin{pmatrix} 1 & & & \\ & 1 & & \\ & & -1 & \\ & & & 0 \end{pmatrix}$.

C. $\begin{pmatrix} 1 & & & \\ & -1 & & \\ & & -1 & \\ & & & 0 \end{pmatrix}$.

D. $\begin{pmatrix} -1 & & & \\ & -1 & & \\ & & -1 & \\ & & & 0 \end{pmatrix}$.

34. 设 $\boldsymbol{\alpha}_1 = (1,2,-1,0)^T, \boldsymbol{\alpha}_2 = (1,1,0,2)^T, \boldsymbol{\alpha}_3 = (2,1,1,a)^T$，若由 $\boldsymbol{\alpha}_1, \boldsymbol{\alpha}_2, \boldsymbol{\alpha}_3$ 生成的向量空间的维数是 2，则 $a = $ ＿＿＿＿＿＿.

35. 设 $A = \begin{pmatrix} \lambda & 1 & 1 \\ 0 & \lambda-1 & 0 \\ 1 & 1 & \lambda \end{pmatrix}, \boldsymbol{b} = \begin{pmatrix} a \\ 1 \\ 1 \end{pmatrix}$，已知线性方程组 $A\boldsymbol{x} = \boldsymbol{b}$ 存在两个不同的解.

（Ⅰ）求 λ，a；

（Ⅱ）求方程组 $A\boldsymbol{x} = \boldsymbol{b}$ 的通解.

36. 已知二次型 $f(x_1,x_2,x_3)=x^TAx$ 在正交变换 $x=Qy$ 下的标准形为 $y_1^2+y_2^2$，且 Q 的第三列为 $(\frac{\sqrt{2}}{2},0,\frac{\sqrt{2}}{2})^T$.

（Ⅰ）求矩阵 A；

（Ⅱ）证明 $A+E$ 为正定矩阵，其中 E 为 3 阶单位矩阵.

37. 设 A 为 3 阶矩阵，将 A 的第 2 列加到第 1 列得矩阵 B，再交换 B 的第 2 行与第 3 行得单位矩阵，记 $P_1=\begin{pmatrix}1&0&0\\1&1&0\\0&0&1\end{pmatrix}$，$P_2=\begin{pmatrix}1&0&0\\0&0&1\\0&1&0\end{pmatrix}$，则 $A=$（　　）

A. P_1P_2　　　　B. $P_1^{-1}P_2$　　　　C. P_2P_1　　　　D. $P_2P_1^{-1}$

38. 设 $A=(\alpha_1,\alpha_2,\alpha_3,\alpha_4)$ 是 4 阶矩阵，A^* 为 A 的伴随矩阵，若 $(1,0,1,0)^T$ 是方程组 $Ax=0$ 的一个基础解系，则 $A^*x=0$ 的基础解系可为（　　）

A. α_1,α_3.　　　B. α_1,α_2.　　　C. $\alpha_1,\alpha_2,\alpha_3$.　　　D. $\alpha_2,\alpha_3,\alpha_4$.

39. 若二次曲面的方程 u_0，经过正交变换化为 $y_1^2 + 4z_1^2 = 4$，则 $a = $ _____ .

40. 设向量组 η_1, η_2, η_3，不能由向量组 $\beta_1 = (1,1,1)^T$，$\beta_2 = (1,2,3)^T$，$\beta_3 = (3,4,a)^T$ 线性表示.

（I）求 a 的值；

（II）将 $\beta_1, \beta_2, \beta_3$ 由 $\alpha_1, \alpha_2, \alpha_3$ 线性表示.

41. A 为三阶实对称矩阵，A 的秩为 2，即 A，且 $A\begin{pmatrix} 1 & 1 \\ 0 & 0 \\ -1 & 1 \end{pmatrix} = \begin{pmatrix} -1 & 1 \\ 0 & 0 \\ 1 & 1 \end{pmatrix}$.

（I）求 A 的特征值与特征向量；

（II）求矩阵 A.

42. 设 $\boldsymbol{\alpha}_1 = \begin{pmatrix} 0 \\ 0 \\ c_1 \end{pmatrix}, \boldsymbol{\alpha}_2 = \begin{pmatrix} 0 \\ 1 \\ c_2 \end{pmatrix}, \boldsymbol{\alpha}_3 = \begin{pmatrix} 1 \\ -1 \\ c_3 \end{pmatrix}, \boldsymbol{\alpha}_4 = \begin{pmatrix} -1 \\ 1 \\ c_4 \end{pmatrix}$,其中 c_1, c_2, c_3, c_4 为任意常数，则下列向量组线性相关的为（ ）

    A. $\boldsymbol{\alpha}_1, \boldsymbol{\alpha}_2, \boldsymbol{\alpha}_3$.　　B. $\boldsymbol{\alpha}_1, \boldsymbol{\alpha}_2, \boldsymbol{\alpha}_4$.　　C. $\boldsymbol{\alpha}_1, \boldsymbol{\alpha}_3, \boldsymbol{\alpha}_4$.　　D. $\boldsymbol{\alpha}_2, \boldsymbol{\alpha}_3, \boldsymbol{\alpha}_4$.

43. 设 $\boldsymbol{A}$ 为 3 阶矩阵，$\boldsymbol{P}$ 为 3 阶可逆矩阵，且 $\boldsymbol{P}^{-1}\boldsymbol{A}\boldsymbol{P} = \begin{pmatrix} 1 & 0 & 0 \\ 0 & 1 & 0 \\ 0 & 0 & 2 \end{pmatrix}$. 若 $\boldsymbol{P} = (\boldsymbol{\alpha}_1, \boldsymbol{\alpha}_2, \boldsymbol{\alpha}_3)$，$\boldsymbol{Q} = (\boldsymbol{\alpha}_1 + \boldsymbol{\alpha}_1, \boldsymbol{\alpha}_2, \boldsymbol{\alpha}_3)$，则 $\boldsymbol{Q}^{-1}\boldsymbol{A}\boldsymbol{Q} = $（ ）

    A. $\begin{pmatrix} 1 & 0 & 0 \\ 0 & 2 & 0 \\ 0 & 0 & 1 \end{pmatrix}$.　　B. $\begin{pmatrix} 1 & 0 & 0 \\ 0 & 1 & 0 \\ 0 & 0 & 2 \end{pmatrix}$.

    C. $\begin{pmatrix} 2 & 0 & 0 \\ 0 & 1 & 0 \\ 0 & 0 & 2 \end{pmatrix}$.　　D. $\begin{pmatrix} 2 & 0 & 0 \\ 0 & 2 & 0 \\ 0 & 0 & 1 \end{pmatrix}$.

44. 设 $\boldsymbol{\alpha}$ 为三维单位列向量，$\boldsymbol{E}$ 为三阶单位矩阵，则矩阵 $\boldsymbol{E} - \boldsymbol{\alpha}\boldsymbol{\alpha}^{\mathrm{T}}$ 的秩为_____.

45. 设 $A = \begin{pmatrix} 1 & a & 0 & 0 \\ 0 & 1 & a & 0 \\ 0 & 0 & 1 & a \\ a & 0 & 0 & 1 \end{pmatrix}, \beta = \begin{pmatrix} 1 \\ -1 \\ 0 \\ 0 \end{pmatrix}$.

（I）计算行列式 $|A|$；

（II）当实数 a 为何值时，方程组 $Ax = \beta$ 有无穷多解，并求其通解．

46. 已知 $A = \begin{pmatrix} 1 & 0 & 1 \\ 0 & 1 & 1 \\ -1 & 0 & a \\ 0 & a & -1 \end{pmatrix}$，二次型 $f(x_1, x_2, x_3) = x^T(A^T A)x$ 的秩为 2．

（I）求实数 a 的值；

（II）求正交变换 $x = Qy$，将 f 化为标准形．

47. 设矩阵 $A = \begin{pmatrix} 1 & 1 & 1 \\ 1 & 2 & a \\ 1 & 4 & a^2 \end{pmatrix}$, $b = \begin{pmatrix} 1 \\ d \\ d^2 \end{pmatrix}$, 若集合 $\Omega = \{1,2\}$, 则线性方程组 $Ax = b$ 有无穷多解的充分必要条件为（　　）

  A. $a \notin \Omega, d \notin \Omega$ B. $a \notin \Omega, d \in \Omega$

  C. $a \in \Omega, d \notin \Omega$ D. $a \in \Omega, d \in \Omega$

48. 设二次型 $f(x_1, x_2, x_3)$ 在正交变换为 $x = Py$ 下的标准形为 $2y_1^2 + y_2^2 - y_3^2$, 其中 $P = (e_1, e_2, e_3)$, 若 $Q = (e_1, -e_3, e_2)$, 则 $f(x_1, x_2, x_3)$ 在正交变换 $x = Qy$ 下的标准形为（　　）

  A. $2y_1^2 - y_2^2 + y_3^2$ B. $2y_1^2 + y_2^2 - y_3^2$

  C. $2y_1^2 - y_2^2 - y_3^2$ D. $2y_1^2 + y_2^2 + y_3^2$

49. n 阶行列式 $\begin{vmatrix} 2 & 0 & \cdots & 0 & 2 \\ -1 & 2 & \cdots & 0 & 2 \\ \vdots & \vdots & \ddots & \vdots & \vdots \\ 0 & 0 & \cdots & 2 & 2 \\ 0 & 0 & \cdots & -1 & 2 \end{vmatrix} = $ _____ .

50. 设向量组 $\alpha_1, \alpha_2, \alpha_3$ 内 $\mathbf{R}^3$ 的一个基，$\beta_1=2\alpha_1+2k\alpha_3$，$\beta_2=2\alpha_2$，$\beta_3=\alpha_1+(k+1)\alpha_3$.

（Ⅰ）证明向量组 $\beta_1\beta_2\beta_3$ 为 $\mathbf{R}^3$ 的一个基；

（Ⅱ）当 k 为何值时，存在非 0 向量 ξ 在基 $\alpha_1, \alpha_2, \alpha_3$ 与基 $\beta_1\beta_2\beta_3$ 下的坐标相同，并求所有的 ξ.

51. 设矩阵 $A=\begin{pmatrix} 0 & 2 & -3 \\ -1 & 3 & -3 \\ 1 & -2 & a \end{pmatrix}$ 相似于矩阵 $B=\begin{pmatrix} 1 & -2 & 0 \\ 0 & b & 0 \\ 0 & 3 & 1 \end{pmatrix}$.

（Ⅰ）求 a,b 的值；

（Ⅱ）求可逆矩阵 P，使 $P^{-1}AP$ 为对角矩阵.

52. 设矩阵

$$A = \begin{pmatrix} 1 & -1 & -1 \\ 2 & a & 1 \\ -1 & 1 & a \end{pmatrix}, \quad B = \begin{pmatrix} 2 & 2 \\ 1 & a \\ -a-1 & -2 \end{pmatrix}.$$

当 a 为何值时，方程 $AX = B$ 无解、有唯一解、有无穷多解？在有解时，求解此方程.

53. 已知矩阵 $A = \begin{pmatrix} 0 & -1 & 1 \\ 2 & -3 & 0 \\ 0 & 0 & 0 \end{pmatrix}$.

（Ⅰ）求 A^{99}；

（Ⅱ）设 3 阶矩阵 $B = (\alpha_1, \alpha_2, \alpha_3)$ 满足 $B^2 = BA$. 记 $B^{100} = (\beta_1, \beta_2, \beta_3)$，将 $\beta_1, \beta_2, \beta_3$ 分别表示为 $\alpha_1, \alpha_2, \alpha_3$ 的线性组合.

54. 设 3 阶矩阵 $A = (\alpha_1, \alpha_2, \alpha_3)$ 有 3 个不同的特征值，且 $\alpha_3 = \alpha_1 + 2\alpha_2$．

（Ⅰ）证明 $r(A) = 2$；

（Ⅱ）若 $\beta = \alpha_1 + \alpha_2 + \alpha_3$，求方程组 $Ax = \beta$ 的通解．

55. 设二次型 $f(x_1, x_2, x_3) = 2x_1^2 - x_2^2 + ax_3^2 + 2x_1x_2 - 8x_1x_3 + 2x_2x_3$ 在正交变换 $x = Qy$ 下的标准形为 $\lambda_1 y_1^2 + \lambda_2 y_2^2$，求 a 的值及一个正交矩阵 Q．

第三部分　综合练习

第一篇　期中考试样卷

样卷一
《线性代数》课程期中考试试卷

一、单项选择题（每小题 3 分，共 12 分）

1. 设 $f(x)=\begin{vmatrix} 1+x & x & x \\ 1+x & 1+x & x \\ 2+x & 1+x & 1+x \end{vmatrix}$，则多项式 $f(x)$ 的次数为（　　）．

   A. 3 次　　　　　　　　　　　　B. 2 次
   C. 1 次　　　　　　　　　　　　D. 零次

2. 设线性方程组 (I)：$\begin{cases} a_{11}x_1+a_{12}x_2+\cdots+a_{1n}x_n=b_1 \\ a_{21}x_1+a_{22}x_2+\cdots+a_{2n}x_n=b_2 \\ \cdots \\ a_{m1}x_1+a_{m2}x_2+\cdots+a_{mn}x_n=b_m \end{cases}$，则下述命题不正确的是（　　）．

   A. 若 $b_1=b_2=\cdots=b_m=0$，且 $m<n$，则 (I) 必有无穷多解
   B. 若 $m=n$，且 $|a_{ij}|=0$，则 (I) 必有无穷多解
   C. 若 $m=n$，且 $|a_{ij}|\neq 0$，则 (I) 必有唯一解
   D. 若 $m=n$，且 (I) 无解，则必有 $|a_{ij}|=0$

3. 现有下列 4 个命题：

   ①若 A 是 $m\times n$ 矩阵，则 $(A^{\mathrm{T}})^{\mathrm{T}}=A$.　　②若 A 是 n 阶可逆矩阵，则 $(A^{-1})^{-1}=A$.

   ③若 E 是 n（$n>2$）阶单位矩阵，则 $E^*=E$.　　④A 是 2 阶方阵，则 $(A^*)^*=A$.

   上述 4 个命题中，正确的是（　　）

   A. 只有①
   B. 只有①、②
   C. 只有①、②、③
   D. ①、②、③、④

4. 已知 n（$n>1$）阶方阵 A 经过若干次初等行变换，初等列变换为 B，则必有（　　）

   A. $A=B$
   B. $|A|=|B|$
   C. 秩$(A)=$秩(B)

D. 上述三项均不一定成立

二、填空题（每个空格 3 分，共 30 分，把答案填在相应的横线上）

1. 已知 8 阶排列 $412i57j6$ 为奇排列，则 i, j 依次为 _____

（2）齐次线性方程组 (I) $\begin{cases} x_1 + x_2 + x_3 = 0, \\ 2x_1 + x_2 + x_3 = 0, \\ 3x_1 + 2x_2 + 2x_3 = 0 \end{cases}$ 的系数矩阵 A 为 _____，秩 $(A) =$ ____，(I) 的解中有 _____ 个自由未知量.

（3）已知 2×4 矩阵 $A = \begin{bmatrix} 0 & 2 & 0 & 6 \\ 6 & 0 & 15 & -3 \end{bmatrix}$，$4 \times 2$ 矩阵 $B = \begin{bmatrix} 2 & 6 \\ 0 & 3 \\ -2 & 9 \\ 2 & 0 \end{bmatrix}$，则秩$(AB) =$ ____，行列式 $|BA| =$ _____.

4. 已知 3 阶矩阵 $A = \begin{bmatrix} 0 & 1 & 0 \\ 1 & 0 & 0 \\ 0 & 0 & 1 \end{bmatrix}$，3 阶矩阵 $B = \begin{bmatrix} 1 & 1 & 1 \\ 0 & 1 & 1 \\ 0 & 0 & 1 \end{bmatrix}$，则 $(AB)^{-1} =$ _____.

5. 设 A 为 3 阶方阵，且 $|A| = \dfrac{1}{2}$，则 $|A^{-1}| =$ _____，$|3A^{-1} - 2A^*| =$ _____.

6. 已知 $A = \begin{bmatrix} 2 & 4 & 3 \\ -2 & a & 4 \\ 4 & 8 & 7 \end{bmatrix}$ 与 $B = \begin{bmatrix} 5 & 0 & 0 \\ 0 & 0 & 0 \\ 0 & 0 & 9 \end{bmatrix}$ 等价，则 $a =$ _____.

三、计算下列行列式（14 分）

$\begin{vmatrix} 11 & 0 & 0 & 12 \\ 0 & 9 & 10 & 0 \\ 0 & 8 & 9 & 0 \\ 10 & 0 & 0 & 11 \end{vmatrix} =$

$\begin{vmatrix} 1 & 1 & 1 & 1 \\ 1 & -1 & 1 & -1 \\ 1 & -2 & 4 & -8 \\ 1 & x & x^2 & x^3 \end{vmatrix} =$

四、(12 分)

已知 $A^* = \begin{bmatrix} 3 & 0 & 0 \\ 0 & 1 & 0 \\ 0 & 2 & 3 \end{bmatrix}$ 是矩阵 A 的伴随矩阵,且 $|A|>0$.

1)求出矩阵 A^{-1}；　　　2)求出矩阵 A.

五、(10 分)

设 A, X 均为 3 阶方阵,已知 $A = \begin{bmatrix} 2 & 1 & 0 \\ 0 & 3 & 0 \\ 6 & 5 & 4 \end{bmatrix}$,且满足矩阵方程 $2A^{-1} + AXA^{-1} = XA^{-1} + 2A$,求 X.

姓名：_____　　学号：_____　　所在院系：_____　　所在班级：_____

六、（15分）

讨论线性方程组 $\begin{cases} x_1 + x_2 + x_3 = 4, \\ 2x_1 + \lambda x_2 + 2x_3 = 8, \\ x_1 + x_2 + \lambda x_3 = 3. \end{cases}$ （Ⅰ）

（1）当 λ 取何值时（Ⅰ）无解（请说明理由）？（2）当 λ 在什么范围取值时（Ⅰ）有唯一解（请说明理由）？且写出这个唯一解；（3）当 λ 取何值时（Ⅰ）有无穷多解（请说明理由）？且写出其通解.

七、证明题（7分）

（1）证明：任意大于2阶方阵 A 可逆的充分必要条件是 A^* 可逆，并写出 $(A^*)^{-1}$；

（2）证明 $(A^*)^{-1} = (A^{-1})^*$.

样卷二
《线性代数》课程期中考试试卷

一、单项选择题（每小题3分，共12分）

1. 已知 $\begin{vmatrix} x & y & z \\ 3 & 0 & 2 \\ 1 & 1 & 1 \end{vmatrix} = 1$，则 $\begin{vmatrix} 3x & 3y & 3z \\ 3x+3 & 3y & 3z+2 \\ 2x+1 & 2y+1 & 2z+1 \end{vmatrix} = ($ $)$.

   A. 3　　　　　　　　　　　　B. 2
   C. 1　　　　　　　　　　　　D. 0

2. 设 A, B 均是 $n(n>1)$ 阶可逆矩阵，则下述结论成立的是（　　）.

   A. $(3A)^{-1} = 3A^{-1}$

   B. $A+B$ 必可逆，且 $(A+B)^{-1} = A^{-1} + B^{-1}$

   C. $(AB)^{-1} = B^{-1}A^{-1}$

   D. $AB = BA$

3. 已知系数矩阵 A 为 4×5 矩阵，则齐次线性方程组 $AX=O$ 解的情况是（　　）.

   A. 必有无穷多解
   B. 必无解.
   C. 解无法确定，可能有解，也可能无解
   D. 只有零解

4. 设 A, B 均为3阶方阵，已知 $|A|=-1, |B|=2$. 记矩阵 $G = \begin{bmatrix} 2A & A \\ O & -B \end{bmatrix}$，则行列式 $|G| = ($ $)$.

   A. 4　　　　　　　　　　　　B. -16
   C. -4　　　　　　　　　　　 D. 16

二、填空题（每个空格3分，共39分，把答案填在相应的横线上）

1. 设分块矩阵 $P = \begin{bmatrix} A & B \\ C & D \end{bmatrix}$，其中 A, B, C, D 均为 m 阶方阵，则 $P + P^T =$ _____.

2. 设矩阵 $A = \begin{bmatrix} 1 & 2 & 3 \\ 0 & 4 & 6 \\ 0 & 0 & 2 \end{bmatrix}, B = \begin{bmatrix} 0 & 0 & 1 \\ 0 & -1 & 2 \\ 1 & 4 & 6 \end{bmatrix}$，则行列式 $|AB| =$ _____.

3. 设矩阵 $A = \begin{bmatrix} 1 & 0 & 1 & -2 \end{bmatrix}_{1 \times 4}, B = \begin{bmatrix} 2 & 3 & 0 & 4 \end{bmatrix}_{1 \times 4}$，则矩阵 $A^T B =$ _____.

4. 设3阶方阵 $A = \begin{bmatrix} 1 & 2 & 0 \\ 3 & 5 & 0 \\ 0 & 0 & 2 \end{bmatrix}$，则 $A^{-1} =$ _____.

5. 已知 A，B 均为 n 阶可逆矩阵，则 $\begin{bmatrix} O & A \\ B & O \end{bmatrix}^{-1} = $ _____.

6. 已知 $XA=B$，其中 $A = \begin{bmatrix} 1 & 0 & 0 \\ 0 & 1/2 & 0 \\ 0 & 0 & 1/3 \end{bmatrix}$，$B = \begin{bmatrix} 2 & 3 & 4 \\ 4 & 6 & 8 \end{bmatrix}$，则 $A^{-1} = $ _____;

$X=$ _____.

7. 设 A 为 $n(n>1)$ 阶方阵，$f(x) = ax^2 + bx + c$，则 $f(A) = $ _____.

8. 设 4×5 矩阵 A 经过一系列初等行变换化为 $\begin{bmatrix} 0 & 0 & 0 & 1 & 1 \\ -1 & 0 & 1 & 0 & 2 \\ 0 & 0 & 0 & 0 & 0 \\ 0 & 1 & 0 & 0 & -1 \end{bmatrix}$，此时齐次线性方

程组 $AX=O$ 有无穷多解，通解中自由未知量个数为_____个.

9. 已知 $A = \begin{bmatrix} 1 & 2 & 3 \\ -1 & a & 4 \\ 3 & 6 & 7 \end{bmatrix}$ 与 $B = \begin{bmatrix} 5 & 0 & 0 \\ 0 & 0 & 0 \\ 0 & 0 & 9 \end{bmatrix}$ 等价，则 $a = $ _____.

10. 设 A 是 4 阶方阵，A^* 是 A 的伴随矩阵，若 $|A| = -2$，则 $|2A^{-1} + A^*| = $ _____.

11. 设 $A = \begin{bmatrix} a & a & 1 \\ a & 1 & a \\ 1 & a & a \end{bmatrix}$，则当 a 满足条件_____时 A 可逆.

12. 设 $A = \begin{bmatrix} 1 & 1 & 2 \\ 2 & 2 & 3 \\ 3 & 3 & 4 \end{bmatrix}$，$P_1 = \begin{bmatrix} 0 & 1 & 0 \\ 1 & 0 & 0 \\ 0 & 0 & 1 \end{bmatrix}$，$P_2 = \begin{bmatrix} 1 & 0 & 0 \\ 0 & 1 & 0 \\ 1 & 0 & 1 \end{bmatrix}$，则 $P_2 A P_1 = $ _____.

三、计算下列行列式（7 分）

$\begin{vmatrix} 1 & 0 & 0 & -1 \\ 0 & 2 & 2 & 0 \\ 0 & -3 & 3 & 0 \\ 4 & 0 & 0 & 4 \end{vmatrix} = $

四、（10 分）

已知 $A^* = \begin{bmatrix} 3 & 0 & 0 \\ 0 & 1 & 0 \\ 0 & 2 & 3 \end{bmatrix}$ 是矩阵 A 的伴随矩阵，且 $|A|>0$.

1）求出矩阵 A^{-1}；　　　2）求出矩阵 A.

五、（10 分）

设 A, X 均为 3 阶方阵，已知 $A = \begin{bmatrix} 2 & 1 & 0 \\ 0 & 3 & 0 \\ 6 & 5 & 4 \end{bmatrix}$，且满足矩阵方程 $2A^{-1} + AXA^{-1} = XA^{-1} + 2A$，求 X.

六、（14 分）

已知线性方程组（Ⅰ） $\begin{cases} x_1 + a_1 x_2 + a_1^2 x_3 = a_1^3, \\ x_1 + a_2 x_2 + a_2^2 x_3 = a_2^3, \\ x_1 + a_3 x_2 + a_3^2 x_3 = a_3^3, \\ x_1 + a_4 x_2 + a_4^2 x_3 = a_4^3. \end{cases}$

（1）证明：若 a_1, a_2, a_3, a_4 互异，则（Ⅰ）无解；

（2）设 $a_1 = a_3 = k, a_2 = a_4 = -k (k \neq 0)$，求出（Ⅰ）的解.

七、证明题（8 分）

设 *A+B=AB*，且 *A*, *B* 都是 *n*（*n*>1）阶方阵.

（1）证明：*A-E* 和 *B-E* 都是可逆矩阵，并分别写出它们的逆矩阵.

（2）证明：*AB=BA*.

样卷三
《线性代数》课程期中考试试卷

一、选择题（每小题3分，共21分，每小题给出的四个选项中，只有一项是符合题目要求的，把所选项前的字母填在题后的括号内）

1. 下述四项中是4阶行列式 $|a_{ij}|$ 的项，且带正号的是（　　）.

    A. $a_{14}a_{23}a_{31}a_{42}$　　　　　　B. $a_{11}a_{23}a_{34}a_{41}$

    C. $a_{33}a_{24}a_{12}a_{41}$　　　　　　D. $a_{12}a_{31}a_{43}a_{24}$

2. 已知 $\begin{vmatrix} x & y & z \\ 3 & 0 & 2 \\ 1 & 1 & 1 \end{vmatrix} = 1$，则 $\begin{vmatrix} 3x & 3y & 3z \\ 3x+3 & 3y & 3z+2 \\ 2x+1 & 2y+1 & 2z+1 \end{vmatrix} = $（　　）.

    A. 3　　　　　　　　　　　　B. 2

    C. 1　　　　　　　　　　　　D. 0

3. 设 A, B 均是 $n(n>1)$ 阶可逆矩阵，则下述结论成立的是（　　）.

    A. $(3A)^{-1} = 3A^{-1}$

    B. $A+B$ 必可逆，且 $(A+B)^{-1} = A^{-1} + B^{-1}$

    D. $(AB)^{-1} = B^{-1}A^{-1}$

    D. $AB=BA$.

4. 设非齐次线性方程组 $AX=b$ 对应的齐次线性方程组为 $AX=O$，则下述命题成立的是

    A. 若 $AX=b$ 有唯一解，则 $AX=O$ 只有零解

    B. 若 $AX=O$ 只有零解，则 $AX=b$ 有唯一解

    C. 若 $AX=O$ 有非零解，则 $AX=b$ 有无穷多解

    D. 命题（A），（B），（C）都不成立

5. 已知 A 为 4×5 矩阵，则线性方程组 $AX=O$（　　）.

    A. 必有无穷多解

    B. 必无解

    C. 解无法确定，可能有解，也可能无解

    D. 只有零解

6. 设 A, B 均为3阶方阵，已知 $|A|=-1$，$|B|=2$. 记 $G = \begin{bmatrix} 2A & A \\ O & -B \end{bmatrix}$，则 $|G|=$（　　）.

    A. 4　　　　　　　　　　　　B. -16

    C. -4　　　　　　　　　　　　D. 16

7. 已知 A 是 $k\times l$ 矩阵，B 是 $m\times n$ 矩阵，如果 $AC^\mathrm{T}B$ 有意义，则 C 为（　　）.

    A. $k\times m$ 矩阵　　　　　　B. $k\times n$ 矩阵

    C. $m\times l$ 矩阵　　　　　　D. $l\times m$ 矩阵

二、填空题（每个空格 2 分，共 36 分，把答案填在相应的横线上）

1. 设分块矩阵 $P = \begin{bmatrix} A & B \\ C & D \end{bmatrix}$，其中 A, B, C, D 均为 m 阶方阵，则 $P + P^T =$ _____．

2. 设 2 阶方阵 $A = \begin{bmatrix} a & b \\ c & d \end{bmatrix}$，若 $ad - bc \neq 0$，则 $A^{-1} =$ _____．

3. 设矩阵 $A = \begin{bmatrix} 1 & 2 & 3 \\ 0 & 4 & 6 \\ 0 & 0 & 2 \end{bmatrix}$，$B = \begin{bmatrix} 0 & 0 & 1 \\ 0 & -1 & 2 \\ 1 & 4 & 6 \end{bmatrix}$，则行列式 $|AB| =$ _____．

4. $\begin{vmatrix} 0 & 0 & \cdots & 0 & 1 \\ 0 & 0 & \cdots & 2 & 2 \\ \vdots & \vdots & & \vdots & \vdots \\ 0 & n-1 & \cdots & n-1 & n-1 \\ n & n & \cdots & n & n \end{vmatrix} =$ _____．

5. 设矩阵 $A = \begin{bmatrix} 1 & 0 & 1 & -2 \end{bmatrix}_{1 \times 4}$，$B = \begin{bmatrix} 2 & 3 & 0 & 4 \end{bmatrix}_{1 \times 4}$，则矩阵 $A^T B =$ _____．

6. 已知 A, B 均为 n 阶可逆矩阵，则 $\begin{bmatrix} O & A \\ B & O \end{bmatrix}^{-1} =$ _____．

7. 已知 $XA = B$，其中 $A = \begin{bmatrix} 1 & 2 & 0 \\ 3 & 5 & 0 \\ 0 & 0 & 2 \end{bmatrix}$，$B = \begin{bmatrix} 2 & 3 & 4 \\ 4 & 6 & 8 \end{bmatrix}$，则 $A^{-1} =$ _____；$X =$ _____．

8. 设 A 是 4 阶方阵，A^* 是 A 的伴随矩阵，若 $|A| = -2$，则 $|A^*| =$ _____；$|2A^{-1} + A^*| =$ _____．

9. 设 A 为 $n(n > 1)$ 阶方阵，$f(x) = ax^2 + bx + c$，则 $f(A) =$ _____．

10. 设 4×5 矩阵 A 经过一系列初等行变换化为 $\begin{bmatrix} 0 & 0 & 0 & 1 & 1 \\ -1 & 0 & 1 & 0 & 2 \\ 0 & 0 & 0 & 0 & 0 \\ 0 & 1 & 0 & 0 & -1 \end{bmatrix}$，则秩$(A) =$ _____，此时齐次线性 $AX = O$ 有无穷多解，其中自由未知量个数为 _____．

11. 已知 $A = \begin{bmatrix} 1 & 2 & 3 \\ -1 & a & 4 \\ 3 & 6 & 7 \end{bmatrix}$ 与 $B = \begin{bmatrix} 5 & 0 & 0 \\ 0 & 0 & 0 \\ 0 & 0 & 9 \end{bmatrix}$ 等价，则 $a =$ _____．

12. 设 $A=\begin{bmatrix} 1 & 1 & 2 \\ 2 & 2 & 3 \\ 3 & 3 & 4 \end{bmatrix}$, $P_1=\begin{bmatrix} 0 & 1 & 0 \\ 1 & 0 & 0 \\ 0 & 0 & 1 \end{bmatrix}$, $P_2=\begin{bmatrix} 1 & 0 & 0 \\ 0 & 1 & 0 \\ 1 & 0 & 1 \end{bmatrix}$, $Q_1=\begin{bmatrix} 1 & 0 & 0 \\ 0 & 3 & 0 \\ 0 & 0 & 1 \end{bmatrix}$,

则 $P_1P_2A=$ _____；$P_1^{101}P_2AQ_1=$ _____.

13. 设 $A=\begin{bmatrix} a & a & 1 \\ a & 1 & a \\ 1 & a & a \end{bmatrix}$，则当 a 满足条件 _____ 时 A 可逆，当 $a=$ _____ 时，$r(A)=2$.

三、计算下列行列式（共 13 分）

（1） $\begin{vmatrix} 1 & 0 & 0 & -1 \\ 0 & 2 & 2 & 0 \\ 0 & -3 & 3 & 0 \\ 4 & 0 & 0 & 4 \end{vmatrix} =$

（2） $\begin{vmatrix} 1 & 1 & 1 & 1 \\ 1 & 3 & 9 & 27 \\ 1 & 4 & 16 & 64 \\ 1 & 5 & 25 & 125 \end{vmatrix} =$

四、(10 分)

设 A, X 均为 3 阶方阵，$A = \begin{bmatrix} 2 & 1 & 0 \\ 0 & 3 & 0 \\ 6 & 5 & 4 \end{bmatrix}$，且满足 $2A^{-1} + AXA^{-1} = XA^{-1} + 2A$，求 X。

五、(15 分)

讨论线性方程组 $\begin{cases} x_1 + x_2 + x_3 = 4, \\ 2x_1 + \lambda x_2 + 2x_3 = 8, \\ x_1 + x_2 + \lambda x_3 = 3. \end{cases}$ （Ⅰ）

当 λ 取何值时（Ⅰ）无解（说明理由）？当 λ 取何值时（Ⅰ）有唯一解（说明理由）？且写出这个唯一解；当 λ 取何值时（Ⅰ）有无穷多解（说明理由）？且写出这无穷多解．

六、证明题（5分）

设 A，B 均为 $n(n>1)$ 阶对称矩阵，求证：AB 是对称矩阵的充要条件是 $AB=BA$.

第二篇 期末考试样卷

样卷一
《线性代数》课程期末考试试卷

一、选择题（只有一个选项符合题目要求，每题 3 分，共 15 分）

1. 下述四项中是五阶行列式 $|a_{ij}|$ 的项，且带正号的是（　　）.

   A. $a_{11}a_{23}a_{14}a_{35}a_{42}$；　　　　　　B. $a_{24}a_{42}a_{33}a_{15}a_{51}$；

   C. $a_{31}a_{42}a_{23}a_{14}a_{55}$；　　　　　　D. $a_{22}a_{31}a_{14}a_{45}a_{53}$；

2. 设

$$A = \begin{bmatrix} a_{11} & a_{12} & a_{13} \\ a_{21} & a_{22} & a_{23} \\ a_{31} & a_{32} & a_{33} \end{bmatrix}, \quad B = \begin{bmatrix} a_{11}+ka_{31} & a_{13}+ka_{33} & a_{12}+ka_{32} \\ a_{21} & a_{23} & a_{22} \\ a_{31} & a_{33} & a_{32} \end{bmatrix},$$

$$P_1 = \begin{bmatrix} 1 & 0 & k \\ 0 & 1 & 0 \\ 0 & 0 & 1 \end{bmatrix}, \quad P_2 = \begin{bmatrix} 1 & 0 & 0 \\ 0 & 1 & 0 \\ k & 0 & 1 \end{bmatrix}, \quad P_3 = \begin{bmatrix} 1 & 0 & 0 \\ 0 & 0 & 1 \\ 0 & 1 & 0 \end{bmatrix}, \quad P_4 = \begin{bmatrix} 0 & 1 & 0 \\ 0 & 0 & 1 \\ 1 & 0 & 0 \end{bmatrix},$$

则下列等式成立的是（　　）.

   A. $P_1 A P_2 = B$　　　　　　　B. $P_1 A P_3 = B$

   C. $P_2 A P_3 = B$　　　　　　　D. $P_2 A P_4 = B$

3. 设 A 为 5×3 矩阵，则对齐次线性方程组 $(AA^T)X = O$ 解的描述中正确的是（　　）.

   A. 无解

   B. 有唯一解

   C. 有无穷多解

   D. 解不确定，可能有解，可能无解

4. 设 A 为 5×3 矩阵，且 A 的秩为 3，下述结论中不正确的是（　　）.

   A. A 的 3 个列向量必线性无关

   B. A 的 5 个行向量必线性相关

   C. A 的任意 3 个行向量必线性无关

   D. 可能 A 的任意 3 个行向量都线性无关

5. 下列矩阵中不能对角化的矩阵是（　　）.

A. $\begin{bmatrix} 1 & 2 & 3 \\ 2 & 0 & 4 \\ 3 & 4 & 5 \end{bmatrix}$ B. $\begin{bmatrix} 1 & 2 & 3 \\ 0 & 0 & 4 \\ 0 & 0 & 5 \end{bmatrix}$

C. $\begin{bmatrix} 1 & 2 & 3 \\ 0 & 0 & 0 \\ 0 & 0 & 0 \end{bmatrix}$ D. $\begin{bmatrix} 1 & 2 & 3 \\ 0 & 1 & 4 \\ 0 & 0 & 1 \end{bmatrix}$

二、填空题（每空2分，共26）

1. $n(n>1)$ 阶行列式 $\begin{vmatrix} 0 & 0 & \cdots & 0 & -1 \\ 0 & 0 & \cdots & -1 & 0 \\ \vdots & \vdots & & \vdots & \vdots \\ 0 & -1 & \cdots & 0 & 0 \\ -1 & 0 & \cdots & 0 & 0 \end{vmatrix} = $ _____.

2. 若一个非齐次线性方程组的增广矩阵经一系列初等行变换化为

$$\begin{bmatrix} 1 & -1 & 3 & 7 & 0 & \vdots & 6 \\ 0 & 0 & 2 & 0 & \lambda & \vdots & 2 \\ 0 & 0 & 0 & 3 & 0 & \vdots & \lambda-2 \\ 0 & 0 & 0 & 0 & \lambda-1 & \vdots & \lambda+1 \end{bmatrix}$$

当 λ 为____时，方程组有无穷多解，且解空间的维数为____.

3. 若矩阵 X 适合 $\begin{bmatrix} 3 & -6 & 2 & 0 \\ 1 & 5 & -1 & 8 \\ 4 & 3 & 1 & 7 \end{bmatrix} + 2X = \begin{bmatrix} 5 & 4 & -4 & 2 \\ -7 & 1 & 9 & 4 \\ 6 & -1 & 3 & 9 \end{bmatrix}$，则 $X = $ _____.

4. 已知 $\boldsymbol{\alpha} = \begin{bmatrix} 1 & 2 & 3 \end{bmatrix}_{1\times 3}$，$\boldsymbol{\beta} = \begin{bmatrix} 1 & \frac{1}{2} & \frac{1}{3} \end{bmatrix}_{1\times 3}$，设 $A = \boldsymbol{\alpha}^T \boldsymbol{\beta}$，求 $A^n = $ _____.

5. 设 $\boldsymbol{\beta} = [7, -2, a]^T$，$\boldsymbol{\alpha}_1 = [2, 3, 5]^T$，$\boldsymbol{\alpha}_2 = [3, 7, 8]^T$，$\boldsymbol{\alpha}_3 = [1, -6, 1]^T$.
则 $a = $ _____时，$\boldsymbol{\beta}$ 可经 $\boldsymbol{\alpha}_1, \boldsymbol{\alpha}_2, \boldsymbol{\alpha}_3$ 线性表示.

6. 在欧氏空间 $\boldsymbol{R}^4$ 中，取 $\boldsymbol{\alpha} = [1, -2, 1, -1]^T$，$\boldsymbol{\beta} = [-1, 3, k, 2]^T$，则 $k = $ ____时 $\boldsymbol{\alpha}, \boldsymbol{\beta}$ 正交.

7. 设矩阵 $A = \begin{bmatrix} 2 & 0 & 0 \\ 0 & 0 & 1 \\ 0 & 1 & x \end{bmatrix}$ 与矩阵 $B = \begin{bmatrix} 2 & 0 & 0 \\ 0 & y & 1 \\ 0 & 0 & -1 \end{bmatrix}$ 相似. 则 $x = $ ____，$y = $ _____.

8. 设3阶方阵 A 的行列式 $|A| = -2$，A^* 有一个特征值为6，则 A^{-1} 必有一个特征值为 ____；$5A^{-1} - 3A^*$ 必有一个特征值为 _____.

9. 已知二次型 $f(x_1, x_2, x_3) = x_1^2 + 2x_1x_2 + 2x_2^2 + 4x_2x_3 + 5x_3^2$，则该二次型的规范型为 _____，正惯性指数为 _____.

三、(9分)

计算行列式 $\begin{vmatrix} 1 & -9 & 13 & 7 \\ -2 & 5 & -1 & 3 \\ 3 & -1 & 5 & -5 \\ 2 & 8 & -7 & -10 \end{vmatrix}$

四、(9分)

已知 $A^{-1}XA = 6A + XA$,其中 $A = \begin{bmatrix} \frac{1}{3} & 0 & 0 \\ 0 & \frac{1}{4} & 0 \\ 0 & 0 & \frac{1}{7} \end{bmatrix}$,求 X.

五、(10 分)

设 $\alpha_1 = [1, 2, -1]^T$, $\alpha_2 = [2, 4, \lambda]^T$, $\alpha_3 = [1, \lambda, 1]^T$.

(1) λ 取何值时 $\alpha_1, \alpha_2, \alpha_3$ 线性相关？λ 取何值时 $\alpha_1, \alpha_2, \alpha_3$ 线性无关？为什么？

(2) λ 取何值时 α_3 能经 α_1, α_2 线性表示？且写出表达式.

六、(12 分).

在向量空间 P^3 中，取两组基

(I): $\alpha_1 = [1, 0, 1]^T$, $\alpha_2 = [1, 1, 0]^T$, $\alpha_3 = [0, 1, 1]^T$;

(II): $\alpha'_1 = [1, 0, 3]^T$, $\alpha'_2 = [2, 2, 2]^T$, $\alpha'_3 = [-1, 1, 4]^T$

(1) 求基（I）到基（II）的过渡矩阵.

(2) 设 α 在基（I）下坐标为 $[1, 1, 3]^T$，求 α 在（II）下的坐标.

七、(13 分)

求一正交矩阵 U，将实对称矩阵 $A = \begin{bmatrix} 1 & 2 & 2 \\ 2 & 1 & 2 \\ 2 & 2 & 1 \end{bmatrix}$ 化为对角矩阵，且写出这个对角矩阵.

八、证明题（6 分）.

已知向量组 $\alpha_1, \alpha_2, \alpha_3$ 线性相关，$\alpha_2, \alpha_3, \alpha_4$ 线性无关，证明：
（1）α_1 能经 α_2, α_3 线性表示；（2）α_4 不能经 $\alpha_1, \alpha_2, \alpha_3$ 线性表示.

样卷二
《线性代数》课程期末考试试卷

一、选择题（只有一个选项符合题目要求，每题3分，共15分）

1. A, B 均为 n 阶方阵，则下述命题正确的是（   ）.
   A. 若 $|A|=|B|$，则必有 $A=B$
   B. 若 $A \neq B$，则必有 $|A| \neq |B|$
   C. 若 $A \neq B$，则必有 $|A|=|B|$
   D. 若 $A=B$，则必有 $|A|=|B|$

2. 下述结论不正确的是（   ）.
   A. 秩为4的 4×5 矩阵的行向量组必线性无关
   B. 可逆矩阵的行向量组和列向量组均线性无关
   C. 秩为 r（$r<n$）的 $m \times n$ 矩阵的列向量组必线性相关
   D. 凡行向量组线性无关的矩阵必为可逆矩阵

3. 设 ξ_1, ξ_2, ξ_3 是齐次线性方程组 $AX=O$ 的一个基础解系，则该方程的基础解系还有（   ）.
   A. $\xi_1+\xi_2,\ \xi_2+\xi_3,\ \xi_3+\xi_1$
   B. $\xi_1+\xi_2,\ \xi_2+\xi_3,\ \xi_3-\xi_1$
   C. $\xi_1-\xi_2,\ \xi_2-\xi_3,\ \xi_3-\xi_1$
   D. $\xi_1+2\xi_2,\ 2\xi_2+3\xi_3,\ 3\xi_3-\xi_1$

4. 下述 R^3 的非空子集为 R^3 的子空间的是（   ）.
   A. $W_1=\{[x,\ y,\ 1]^T | x,y \in R\}$
   B. $W_2=\{[x,\ y,\ 0]^T | x,y \in R\}$
   C. $W_3=\{[x,\ y,\ x^2]^T | x,y \in R\}$
   D. $W_3=\{[x,\ 1,\ 0]^T | x \in R\}$

5. 设3阶方阵 A 有特征值 $-1, 1, 2$，它们所对应的特征向量分别为 ξ_1, ξ_2, ξ_3，令 $P=[\xi_1\ \xi_2\ \xi_3]$，则 $P^{-1}AP$ 为（   ）

   A. $\begin{bmatrix} -1 & 0 & 0 \\ 0 & 1 & 0 \\ 0 & 0 & 2 \end{bmatrix}$
   B. $\begin{bmatrix} 1 & 0 & 0 \\ 0 & 2 & 0 \\ 0 & 0 & -1 \end{bmatrix}$
   C. $\begin{bmatrix} 1 & 0 & 0 \\ 0 & -1 & 0 \\ 0 & 0 & 2 \end{bmatrix}$
   D. $\begin{bmatrix} 2 & 0 & 0 \\ 0 & -1 & 0 \\ 0 & 0 & 1 \end{bmatrix}$

二、填空题（每空格 2 分，共 26 分）

1. 当 $i=\underline{\ \ \ }$，$k=\underline{\ \ \ }$ 时 $a_{1i}a_{32}a_{4k}a_{25}a_{53}$ 成为 5 阶行列式 $|a_{ij}|$ 中一个取负号的项.

2. 线性方程组 $\begin{cases} x_1 \quad\quad +\lambda x_3 \quad\quad =0, \\ 2x_1 \quad\quad\quad\quad -x_4 =0, \\ \lambda x_1 +x_2 \quad\quad\quad\quad =0, \\ \quad\quad\quad x_3 \quad 2x_4 =0, \end{cases}$ 只有零解，则 $\lambda\ \underline{\quad\quad}$.

3. 已知 $\boldsymbol{\alpha}=\begin{bmatrix}1 & 2 & 3\end{bmatrix}_{1\times 3}$，$\boldsymbol{\beta}=\begin{bmatrix}1 & \frac{1}{2} & \frac{1}{3}\end{bmatrix}_{1\times 3}$，设 $A=\boldsymbol{\alpha}^T\boldsymbol{\beta}$，求 $A^{100}=\underline{\quad\quad\quad}$

4. 设 $3\boldsymbol{\alpha}+4\boldsymbol{\beta}=[2,\ 1,\ 1,\ 2]^T$，$2\boldsymbol{\alpha}+3\boldsymbol{\beta}=[-1,\ 2,\ 3,\ 1]^T$，则 $\boldsymbol{\alpha}=\underline{\quad\quad\quad}$；$\boldsymbol{\beta}=\underline{\quad\quad\quad}$.

5. 设 $\boldsymbol{\alpha}_1=[1,\ 2,\ 3]^T$，$\boldsymbol{\alpha}_2=[2,\ 1,\ 6]^T$，$\boldsymbol{\alpha}_3=[3,\ 4,\ a]^T$. 则 $a=\underline{\quad\quad}$ 时 $\boldsymbol{\alpha}_1,\boldsymbol{\alpha}_2,\boldsymbol{\alpha}_3$ 线性相关.

6. 设矩阵 $A=\begin{bmatrix}2 & 0 & 0 \\ 0 & 0 & 1 \\ 0 & 1 & x\end{bmatrix}$ 与矩阵 $B=\begin{bmatrix}2 & 0 & 0 \\ 0 & y & 1 \\ 0 & 0 & -1\end{bmatrix}$ 相似. 则 $x=\underline{\quad\quad}$，$y=\underline{\quad\quad}$.

7. 已知 3 阶矩阵 A 的特征值为 $-1, 1, 2$，则行列式 $|A^2+A-2E|=\underline{\quad\quad}$.

8. 设 3 阶方阵 A 的行列式 $|A|=-2$，A^* 有一个特征值为 6，则 $5A^{-1}-3A^*$ 必有一个特征值为 $\underline{\quad\quad}$.

9. 已知二次型 $f(x_1,x_2,x_3)=x_1^2+2x_1x_2+2x_2^2+4x_2x_3+5x_3^2$，则该二次型的规范型为 $\underline{\quad\quad\quad\quad}$，负惯性指数为 $\underline{\quad\quad}$.

三、（9 分）

求下列多项式的根 $f(x)=\begin{vmatrix}x-5 & 1 & -3 \\ 1 & x-5 & 3 \\ -3 & 3 & x-3\end{vmatrix}$.

四、(9 分)

已知 $A^{-1}XA = 6A + XA$,其中 $A = \begin{bmatrix} \frac{1}{3} & 0 & 0 \\ 0 & \frac{1}{4} & 0 \\ 0 & 0 & \frac{1}{7} \end{bmatrix}$,求 X.

五、(10 分)

设 $\alpha_1 = [1,\ 2,\ -1]^T$,$\alpha_2 = [2,\ 4,\ \lambda]^T$,$\alpha_3 = [1,\ \lambda,\ 1]^T$.

(1)λ 取何值时 α_1,α_2,α_3 线性相关?λ 取何值时 α_1,α_2,α_3 线性无关?为什么?

(2)λ 取何值时 α_3 能经 α_1,α_2 线性表示?且写出表达式.

六、（12 分）

在向量空间 P^3 中，取两组基

（Ⅰ）：$\alpha_1' = [1, 0, 3]^T$，$\alpha_2' = [2, 2, 2]^T$，$\alpha_3' = [-1, 1, 4]^T$

（Ⅱ）：$\alpha_1 = [1, 0, 1]^T$，$\alpha_2 = [1, 1, 0]^T$，$\alpha_3 = [0, 1, 1]^T$；

(1) 求基（Ⅱ）到基（Ⅰ）的过渡矩阵.

(2) 设 α 在基（Ⅱ）下坐标为 $[1, 1, 3]^T$，求 α 在（Ⅰ）下的坐标.

七、（13 分）

求一正交矩阵 U，将实对称矩阵 $A = \begin{bmatrix} 1 & 2 & 0 \\ 2 & 1 & 0 \\ 0 & 0 & 3 \end{bmatrix}$ 化为对角矩阵，且写出这个对角矩阵.

八、证明题（6分）

设 A，B 都是对称矩阵，证明：AB 为对称矩阵 $\Leftrightarrow AB = BA$

参 考 文 献

[1] 陈维新，涂黎晖等．线性代数学习指导和习题剖析．北京：科学出版社，2011．
[2] 陈维新．线性代数简明教程．2版．北京：科学出版社，2008．
[3] 苏德矿，陈维新，黄柏琴．数学辅导讲义．杭州：浙江大学出版社，2010．